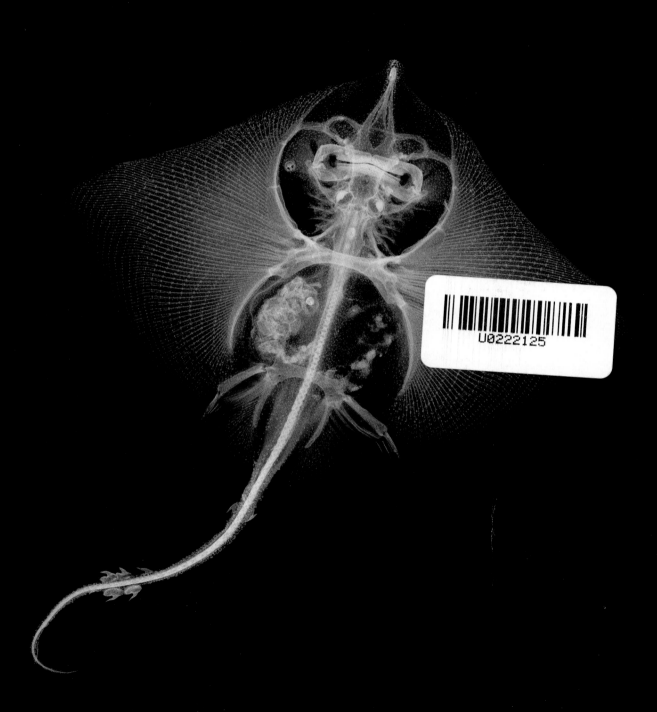

浪花朵朵

透视之眼

X光下的动物世界

[荷]扬·保罗·舒腾 著

[荷]阿里·范·特·里特 摄

张佳琛 译

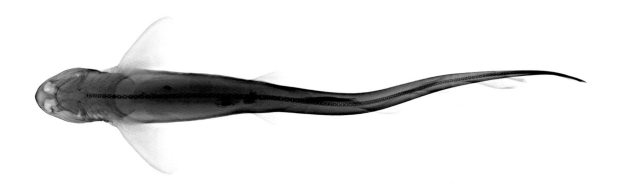

中国中福会出版社

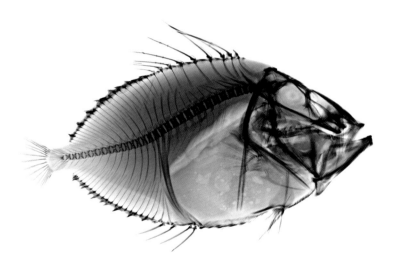

目 录

写在前面……

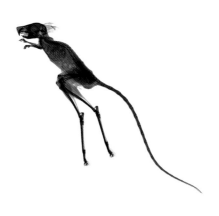

你可能觉得这本书挺特别的，但它比你想象的还要特别得多。

你在逛书店或者去图书馆的时候，肯定不常看到含有X光片的书。就算看到了，那些图片可能也不是很漂亮。毕竟，X光片可不是随便就能拍的，拍摄的时候要遵守严格的规则。阿里·范·特·里特真的很厉害，他成功拍摄了很多漂亮的X光片。

阿里在医院工作了很多年，负责拍摄X光片。不过，你将要在这本书中看到的X光片，并不是他在医院里拍摄的。他有一间自己的工作室。一般来说，我们是不能自己布置一间X光工作室的，毕竟X光拍摄还是有一点危险的。如果你只是拍摄一张牙齿或者断裂的骨头的X光片，那就不需要担心了，一两次的拍摄不会有什么问题。但是如果你经常拍摄，拍摄时要用到的射线可能就会变得很危险。所以拍摄X光片的环境也要非常安全才行。再说了，拍这种片子总要有一个目的吧，光是因为觉得好玩就想拍可不行。

很多年前，阿里工作的医院有一台X光机要被淘汰了，于是阿里就把它留了下来。这样他就能在自己的工作室练习怎么拍出更好的X光片了。而且阿里的工作室很安全，不会因为拍摄出现什么危险。在自己的工作室里，阿里还能拍摄一些在医院里没法拍摄的X光片。比如有些艺术品收

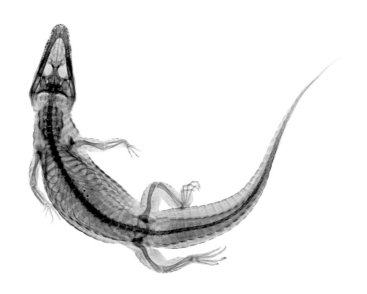

藏家会带着自己的画来找阿里鉴定，看看他们的画到底是不是真品。在X光机的帮助下，你可以看到油画表面那层颜料下面到底是什么样子，也能知道这幅画到底是不是用以前的画家们习惯的方法创作出来的。更好玩的是，如果你的耳机坏了，你也可以去找阿里。他能用X光片帮你找到耳机线到底是断在了哪里。不过他拍摄得最多的，还是动物和花朵。

为了锻炼自己的拍摄技巧，阿里经常把一只厚毛动物和一朵单薄小花放在一起拍。因为经常练习，阿里不仅拍出了更好的X光片，还发现了很多有趣的动植物组合。于是他决定，在练习技术的同时，要让X光片看起来更漂亮。

阿里肯定希望能拍摄各种各样的动物，但是这并不是一件容易的事情。昆虫还是比较好找的，它们无处不在。鱼也可以从鱼贩那里买到。可其他动物呢？他不能直接去野外把动物带回家拍摄，因为野生动物是受法律保护的，即便死了也一样。因此，阿里在发现死去的动物（哪怕很小）后，必须先进行登记，然后才能把它带回家。很少有人会在收到一只死掉的老鼠时感到高兴，只有阿里例外。

所以，你在这本书里看到的动物，都是已经死掉的。事实上，如果它们还活着，阿里也没办法在拍摄的时候让它们一直保持不动。当然，我们可以保证，阿里没有因为需要为这本书拍摄X光片，就故意让这些小家伙死掉。有很多动物是他在路边发现的，它们已经不幸地被车压死了。还有一些动物是他从养殖动物的人手里买来的。大部分爬行动物都是被主人当宠物来养的，在它们死后，这些人把它们送给了阿里。

这本书里的X光片全部都是真实拍摄的。阿里也用了很多心思，想了很多办法，让一些黑白的X光片上多了一点色彩。除此之外，这些动物的X光片表现出来的，就是它们真正的样子。每一颗牙齿、每一块骨头、每一颗头骨都被真实地记录了下来，绝对没有经过电脑美化。所以你可能也会发现一片不太完美的昆虫翅膀、一根看起来少了点什么的虾须或者一朵少了几片花瓣的小花。这才是真实的自然，不是吗？正是因为有了小小的残缺，这些X光片才更完美。

阿里把这些X光片都发给了我，当时我就确信，我能用它们创作出一本非常特别的书。我迫不及待地想给它们配上文字。这些文字会告诉你动物们的特点，好让你能在X光片上辨认出来。不过请你一定不要忘记，你在这些X光片上看到的，是平常绝对发现不了的细节，所以一定要仔细地观察它们。希望你能做到目不转睛，不放过任何一个细节。

扬·保罗·舒腾
2017年于阿姆斯特丹

哎，等等，什么是 X 光片？

X射线是一种电磁波。听起来很复杂是不是？但其实我们周围无处不在的光，也是由电磁波组成的。它们之间的区别是：普通的光不能穿透你的身体，但是X射线可以。X射线之所以这么特别，是因为它的能量更高。打个比方：同样都是跳进水里，如果你从游泳池的边上跳进去，入水就不会很深，但是如果你从距离水面很高的跳台上跳进游泳池，你获得的能量就更多，入水也就更深。X射线也是类似的原理。不过，X射线的能量也没有大到什么都能穿透。X光机发出来的射线会被比较坚固的东西挡住，比如骨头或者牙齿。这就是为什么你摔伤了腿之后，能从X光片上看出自己有没有骨折……

因为X射线会穿透我们的身体，所以X光片的拍摄方式和普通照片的不同。首先，你需要一台能够发射X射线的机器，其次，你需要一个拍摄对象。为了得到一张X光片，你还需要一张胶片来吸收X射线，并将其转换成我们能看到的图像。在X光片上，挡住射线的部分看起来比较亮，其他部分看起来则比较暗。在电脑上，你也可以把黑白两种颜色对调过来，这样骨头的部分就变暗了，其他那些能被X射线穿透的部分就变亮了。

在拍摄X光片的时候，你也可以调整X光机发出来的射线的能量。X射线的能量越高，它的穿透能力就越强。所以，如果你想给坚硬的物体拍摄一张X光片，就需要选择高能量的X射线。如果拍摄的对象比较软或者比较薄，那么选择低能量的X射线就可以了。在这方面，阿里是绝对的高手。他能够巧妙地组合高能量射线和低能量射线，让我们在一张X光片上就能同时看到很薄的花瓣和坚硬的骨头及牙齿。

好了，有了这些知识，我们终于可以开始看X光片啦！

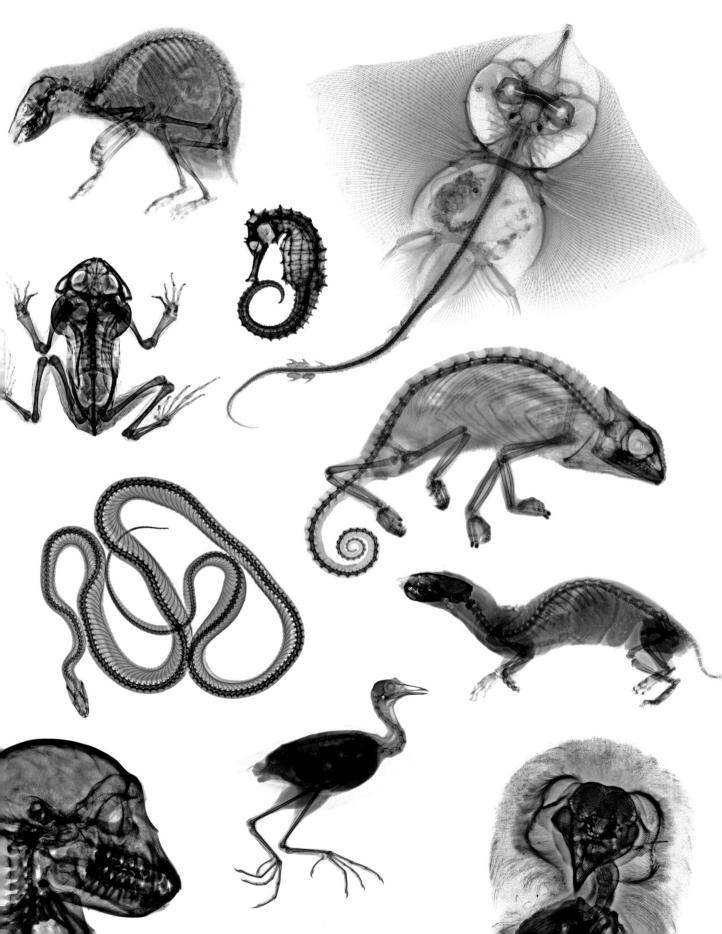

节肢动物和软体动物

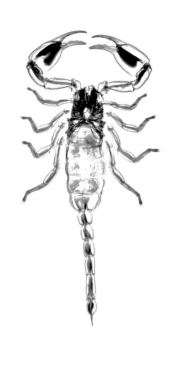

蝎子：真是个小可爱

　　这个世界是很不公平的。熊宝宝只要一出生，就会有人喊着："好萌啊！好可爱呀！"但是从来没有人觉得蝎子可爱，就因为它们看起来一副很不好惹的样子。更不公平的是，蝎子其实也没那么吓人。事实上，它们的远祖才是真的吓人呢。差不多4.3亿年前吧，那时候的蝎子有1米多长……至于生活在今天的这群小家伙？你先别急，也许在多了解它们一些之后，你对它们的印象会好很多。你可以先猜一下，哪种动物和蝎子的亲戚关系最近？是蜘蛛吗，比如塔兰托毒蛛？还是昆虫，比如苍蝇或者胡蜂？又或者是甲壳动物，比如螯虾或者螃蟹？不要马上回答，你先仔细地观察一下。

　　你先用一只手的手指盖住蝎子的长尾巴，再用另一只手的手掌盖住它那两条巨大的前腿。现在，你觉得它看起来像什么动物？上面问题的答案是：蝎子和蜘蛛的亲戚关系，比它们和螯虾的亲戚关系更近。你可能不信，毕竟蜘蛛只有8条腿，而蝎子却有10条腿呢。事实上，蝎子也只有8条腿。那两条长着可怕"剪刀"的"前腿"，其实并不是腿，而是触肢。而且它们长在蝎子的嘴的两边，不像真正的腿那样长在身体的两侧。塔兰托毒蛛是蝎子的远亲，你看它的头部有两个凸起，这也是一对触肢。

　　所以说，蝎子其实并不可怕。但是它们就一点都不危险了吗？不是！如果你刚好是一只蚱蜢或者一只青蛙，那你可要小心了。你看到蝎子尾巴上的尖刺了吗？那可是有毒的。被蝎子用尾巴蜇到的话，这些猎物很快就会死掉。对于人来说，蝎子能造成的伤害其实不太多。科学家们一共发现了几百种蝎子，其中大概只有几种能够杀死人类。而且蝎子也不会随随便便蜇人，毕竟那是它们在遇到危险时用来保命的办法。一般来说，被蝎子蜇一下，跟被蜜蜂或者胡蜂蜇一下差不多。所以，你现在会不会觉得蝎子其实也挺可爱的？什么，还是不觉得？那要是我告诉你，蝎子妈妈还会非常细心地照顾宝宝，一直把它们背在背上，直到它们长大呢？还是不喜欢吗？好吧，也许你才是对的。

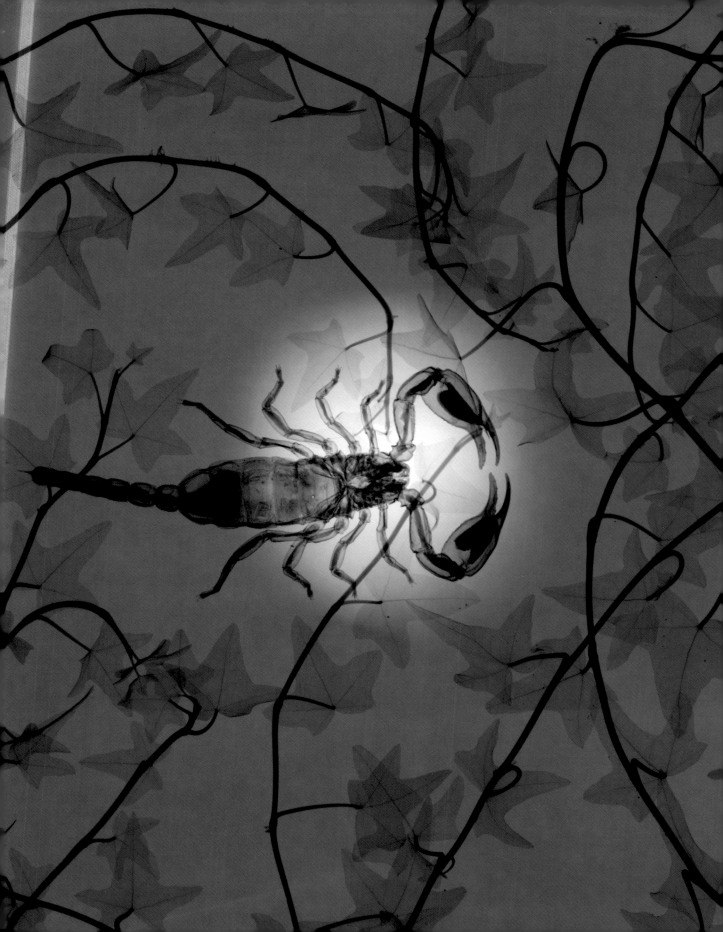

沼虾：水中骑士

它们是水中骑士，浑身上下披着永不生锈的"盔甲"，还装备了厉害的长鞭，四处巡逻。不过事实上，这些"长鞭"只是无害的触角而已，而且它们也不是我要说的重点。重点是，虾的骨架长在身体外面，而我们人的骨架长在身体里面。不信你看，它们的身体里面看不到任何骨头或者其他能保护它们的身体组织。你肯定觉得很奇怪吧？但其实这很正常。地球上大部分动物都是这样：没有骨架，但是有"盔甲"。比如虾和蝎子，当然还有蜘蛛，以及胡蜂、苍蝇等昆虫。这还没完呢，别忘了还有蜗牛。

你可能会问：为什么保护我们身体的骨头要长在身体里面？想象一下，如果我们的头骨像头盔一样长在脑袋外面，那你一不小心撞到头的话，就不会那么痛了。再想想看，如果我们的肋骨像防弹衣一样，长在身体外面，是不是就能更好地保护我们的肺和心脏了？不过话又说回来，你长到这么大，碰到过几次需要被防弹衣保护的事情呢？我猜你一次都没碰到过。如果我再告诉你，这么一件防弹衣有好几千克重，你是不是就会觉得，普通的肋骨也挺不错的？真正的骑士身上的盔甲是非常非常重的。更重要的是：你会长大，你身上的"盔甲"也会和你一起长大。所以我们刚才说的那些动物在长大的时候，一边要长新"盔甲"，一边还要脱掉旧"盔甲"。听起来还挺麻烦的是不是？还是我们人好啊，没有这种烦恼。其实虾也挺满意的，因为对它们来说，骨头没有用，一层能保护自己的壳才是最实用的。

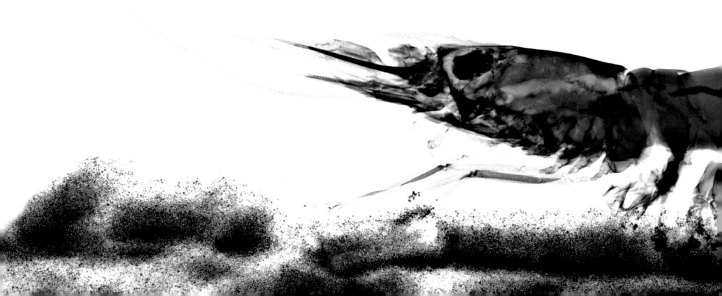

不过，这却让虾不太适合拍摄X光片。因为X射线的工作原理是穿透柔软的部分，但是会被坚硬的身体组织挡住，比如骨头（虾的身体里没有骨头）。所以我们在下面这张X光片上其实看不到太多东西，除了一条从头连到尾的黑线，那是虾的肠子。肠子本身也是柔软的，但里面充满了各种小小的、硬硬的食物残渣，它们挡住了X射线，所以我们才可以看得很清楚。虾的肠子看起来很长，其实我们人的也是，只不过它们在我们的肚子里弯弯绕绕盘成了一团。

既然在X光片上基本看不到虾身体里面的样子，那我们还是来观察一下它的腿吧。虾是十足目动物，应该有10条腿。你可以数一数：1、2、3……8、9、10、11、12……欸，怎么回事？虾明明有20条腿！5对长一点的长在身体前部，5对短一点的长在身体后部。可是这些腿有什么用呢？虾生活在水里，又不用走路，不是应该多长些鳍好用来游泳吗？没错，你再仔细看看下面这张X光片。

后面那10条腿不是用来走路的，而是"游泳腿"，和鳍是一回事。所以，从刚才数的20条腿里减去10条，虾就正好是10条腿啦。现在问题来了，剩下的这10条腿是用来做什么的呢？它们还真的是用来走路的，比如探索水底的时候。虾也用腿来抓东西或者挖泥沙。空闲的时候，虾喜欢钻到沙子下面待着，这样它们就不容易被发现了。虽然它们长着硬壳，能保护它们的身体，但是这身"盔甲"并不能让它们躲避所有危险。毕竟很多动物可以连壳带肉地一口吞下整只虾。虾虽然有很多条腿，但是没有一条有足够的力气举起一把长枪或者宝剑，所以它们和真正的骑士还是有区别的。

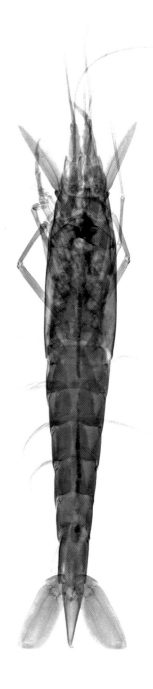

熊蜂：嗡嗡叫的沙漏

人们总觉得沙漏形是最完美的体型：腰部和身体的其他部位相比，总是越细越好。很多女性都希望自己拥有一副细腰，这种细腰有一个专门的名词，叫作蜂腰。这么叫很贴切，因为胡蜂的腰真的非常细。看看右边这张X光片，再想一想你平时见过的熊蜂，身形差距真的非常大，对不对？

哈哈，这就是X光片的好处了。因为在这张X光片上，你看到的并不是胡蜂，而恰恰是熊蜂。所以，熊蜂其实和胡蜂一样，也有一副细腰。只不过它们的"外套"很厚，所以平时看起来身体很粗壮。你的腰也像熊蜂的一样细吗？如果不是，千万不要伤心，因为熊蜂的细腰也是导致它们很容易受伤的罪魁祸首呢。它们的下半身和胸之间只靠一些薄薄的肌肉和一副非常小的骨架连着。它们的头和身体之间也是同样的连接方式。所以，熊蜂的身体就像一个被绳子勒成三段的沙包。

这么说起来，当一只熊蜂也没那么好，虽然它们有一个我们人类嫉妒不已的超灵敏感觉器官，那就是它们头上的触角。这个触角可比手机小太多太多了，却是熊蜂的触觉、味觉、听觉和嗅觉器官。你说什么？哦，那可不行，它们并不能接收无线网络信号。不过熊蜂也不会觉得遗憾，毕竟和视频网站比起来，它们对花蜜更感兴趣。

蜻蜓：天生的特技飞行员

飞机工程师们设计出来的飞机，速度可以轻轻松松地达到每小时7000千米。他们可以让飞机不用加油就环绕地球、躲过雷达的探测，或者一次运载500名乘客，等等。但是从来没有人能设计出一架飞机，展示出像蜻蜓那样的飞行技巧。这些飞机工程师可嫉妒蜻蜓了，嫉妒得眼睛都红了，因为蜻蜓可以快速地朝着上、下、前、后、左、右其中任何一个方向飞，只要它们想，它们可以在一秒钟之内改变好几次飞行方向。你见过这么灵活的战斗机吗？更厉害的是，蜻蜓是空中飞行速度最快的昆虫之一。它们还是长距离飞行健将：有一种蜻蜓能一口气飞上好几千千米！

蜻蜓可以称得上是技术奇迹了。你看看左上角这张X光片，就大概能明白了。秘密就在那4只翅膀上。你看到它上半身那两条黑线没有？那是两条非常非常强壮的飞行肌肉。靠着这两条肌肉，蜻蜓可以单独控制每一只翅膀，在空中完成各种特技飞行动作。那条长长的尾巴可以让蜻蜓在不同的飞行姿态下都保持平衡。要是没有这条尾巴，蜻蜓在做特技飞行的时候，身体会不听使唤。

你可能会想，蜻蜓能做出这么复杂的动作，那它们一定有一个很大的头吧。但事实不是这样的。你看这只蜻蜓的头，这架"飞机"的"驾驶舱"主要由眼睛组成，所以它能看得很清楚。被蜻蜓盯上的猎物，无论是视力还是飞行能力，都不可能占到上风。幼小的蜻蜓甚至不需要接受太多飞行培训，就能完成空中杂技表演。蜻蜓的幼虫时期是在水中度过的。没有翅膀的幼虫会在水里待好几个月，那个时候它们的身体短短的，眼睛也没有这么大。之后，蜻蜓开始蜕变，就像把自己当作礼物展示给大自然一般。它们先是头从硬壳中挣脱出来，然后翅膀展开，最后尾巴像望远镜被拉开一样伸出来。这个时候的蜻蜓，已经准备好迎接那一片晴空了。

我有一个好消息：这些特技飞行员是向着我们人类的。它们正在和我们人类在地球上最可怕的敌人作战。你可别误会，我说的不是老虎或者鳄鱼这

些动物，而是蚊子。蚊子会传播疟疾等疾病，它们害死的人，比所有食肉动物害死的加起来还要多。一只强壮的蜻蜓，每天能吃下好几百只"飞行的疾病传播者"。蜻蜓万岁！有人说，蜻蜓会蜇人，这真的是一个很难消除的谣言。蜻蜓根本就没有蜇人的能力，它们没有毒刺，而且嘴也没有那么大的力气，根本没法咬破我们的皮肤。它们倒是可以轻松优雅地在空中用腿抓住食物。毕竟，它们除了4只翅膀，还有6条腿：就是你在X光片上看到的从它们上半身伸出来的"小细条"。

蜻蜓的身体结构这么精妙，其实并不奇怪，因为它们得到了时间的帮助。蜻蜓有3亿年的时间来慢慢进化，变得越来越厉害。这么说起来，飞机工程师们也才刚刚开始设计各种飞机，谁知道3亿年后他们能设计出什么厉害的飞机来呢？

蝴蝶：健身的毛毛虫

　　当你在大自然中见到蝴蝶时，马上就会被它们五颜六色的翅膀吸引全部的注意力。它们看起来就像会飞的广告牌，有那么多明亮的色彩。不过我们在X光片上是看不到这些颜色的。也好，这样我们就有了一个非常好的机会，来看看蝴蝶除了漂亮的翅膀之外，还有什么特别之处。例如，你看到了那些翅膀与身体相比有多大吗？刚从毛毛虫变成蝴蝶的时候，它们要赶紧长出很多肌肉，才能把翅膀挥动起来。所以蝴蝶的身体和毛毛虫的很不一样，仿佛它们待在蛹里的时候，顺便在健身房上了健美先生速成课一样。

　　当然，这也有助于让蝴蝶的翅膀变得轻盈，否则，它们就算在健身房再锻炼1000个小时，也是挥不动翅膀的。蝴蝶的翅膀虽然很轻盈，但同时也很有韧性，这是因为它们的构造非常巧妙。在X光片上，你可以看到翅膀上有很多线条，它们叫作翅脉。蝴蝶蜕变之后，这些翅脉就会被血液充满，让翅

14

膀保持紧绷。这就像给一艘充气船打气，空气就能把它撑起来一样。如果蝴蝶的翅膀不小心被撕开了一个小口子，这些强大的翅脉也能阻止这个小口子继续变大。这个原理和彩绘玻璃的有点像。如果你朝着一扇普通的玻璃窗扔石头，那么玻璃马上就会整块碎掉。但如果是一扇彩绘玻璃窗，玻璃上只有刚巧被砸到的那个地方会碎掉。蝴蝶的翅膀也是这样，而且这一点对它们来说非常重要，因为破掉的翅膀再也没办法恢复成原样了。

其实蝴蝶的翅膀不光能用来飞，它们还是"太阳能板"。蝴蝶非常不喜欢寒冷的天气，如果它们的体温降到28℃以下，它们就飞不起来了。不过只要阳光再次照射到它们的翅膀上，翅脉里的血液就能被加热，然后流向肌肉，使它们再次飞起来，很厉害对不对？

你看，如果我们一直只盯着蝴蝶漂亮的翅膀，这些关于它们的神奇知识就都被我们错过了……

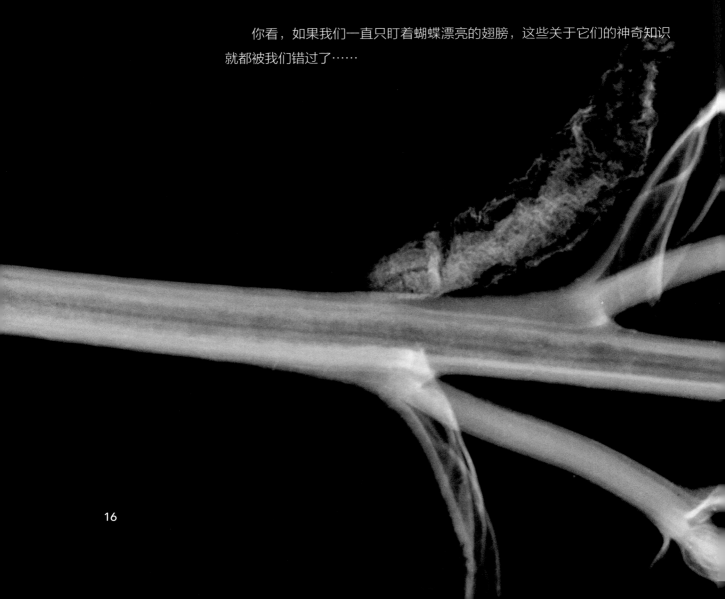

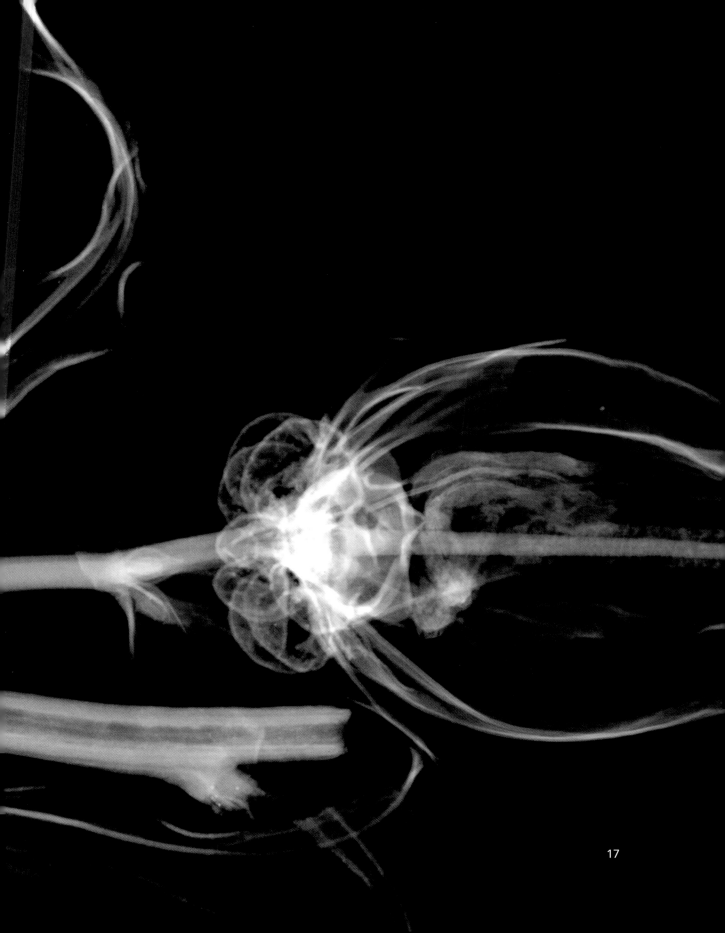

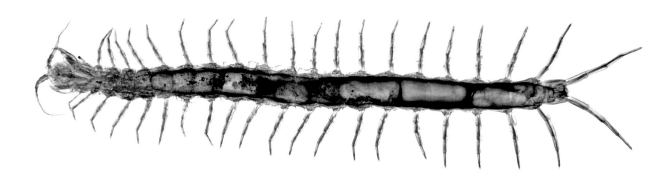

蜈蚣：一堆脚上长了个头

蜈蚣也叫百足虫，给它们起这个别名的人，要不就是想故意制造夸张的效果，要不就是特别不会数数。不信你看右边这张X光片，不管你数多少次蜈蚣的脚，得到的结果都不会超过32。有些种类的蜈蚣——比如上面这种——脚的数量会多一些，但是也绝对到不了100只。靠近头的那对脚小到几乎看不到，却是你最需要小心的，因为它们不但有毒，还会"咬人"，中招的话可疼了。等等，这些脚都是从蜈蚣脖子两边长出来的，难道它们没有上半身吗？你猜对了！蜈蚣其实就是在一堆脚上长了个头，一个非常危险的头。

对于人来说，狮子和老虎很危险，而蜈蚣就是昆虫世界里的狮子和老虎：它们都是动作敏捷还能一击致命的捕猎者。蜈蚣的捕猎对象不光有昆虫，还有蜗牛、蠕虫和其他蜈蚣。在沙漠里，甚至还生活着能吃掉小型啮齿动物的蜈蚣呢！当然了，也有把蜈蚣看作美味佳肴的动物，比如鸟类。但问题是，要抓住蜈蚣并不容易。你看到它们的最后一对脚了没？看起来是不是和头上的触角很像？有一些蜈蚣更厉害，它们的尾部和头部看起来几乎一模一样。因此，攻击这些蜈蚣的动物很容易弄混它们的头和尾巴，如果一不小心抓错了地方，蜈蚣马上就能用靠近头的那对有毒的脚发起反攻。

这还不算完，蜈蚣还有一个生存小技巧：如果它们被一只鸟抓住了脚，它们能马上把脚甩掉，然后快速逃跑，留下鸟儿叼着几只脚原地发呆。蜈蚣有很多只脚，所以就算是丢掉几只，也能继续走路，而且丢了的那几只脚还会重新长回来。这么说起来，如果一只蜈蚣三天两头地被天敌抓住脚，那理论上，它确实能累计拥有100只脚。

蜗牛：最软的软体动物

"泰山，坐好别动！""托菲，乖乖趴好！"如果你曾经试着给小狗或小猫拍照，那么你应该知道这有多难！往往你刚要拍，它们就跑开了。给动物们拍摄X光片就更麻烦了，因为得让它们在很长一段时间内保持不动。幸运的是，还真有这么一种适合拍摄X光片的动物——蜗牛。

只不过，X光片拍出来之后，你却看不到太多东西。蜗牛跟虾一样，也是外壳坚硬、内里柔软的动物。应该说，没有比它们更软的软体动物了。蜗牛有心脏，但你在X光片上看不到。它们还有肾和胃，你也看不到。除了长在触角上的一双眼睛，你看不到它们的任何器官。哦，不对，你还能看到它们用来移动的脚。这张X光片是挺好看的，但是好像没什么用，是吧？别急呀，先让我告诉你这些器官具体在哪里，然后你再去看X光片，就能有新发现了。它们的位置就在身体中被外壳保护的那个部位。所以器官越重要，保护就越周全。我们的身体也是这样：心脏被强韧的肋骨保护着，大脑也完全被厚厚的头骨包裹着。大脑对于我们人类来说非常重要，但是对于蜗牛来说就不见得了，所以它们大脑的位置就在没有外壳保护的头部。当然了，以蜗牛的移动速度来说，它们也用不着戴上保护头部的"头盔"。

除此之外，我们和蜗牛的差别还大着呢。比如，蜗牛还有一个独特的器官，叫作外套膜，就是它的分泌物形成了外壳。蛞蝓（鼻涕虫）的外套膜只能分泌出一层软软的盾板，而蜗牛则拥有一所完整的"房子"。我们人没有外套膜，不过这是好事儿，我猜你也不想腿上突然长出一个厨房，或者背上突然长出一间卧室，对吧？

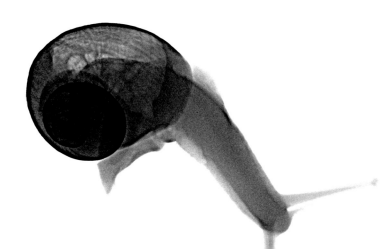

鱼

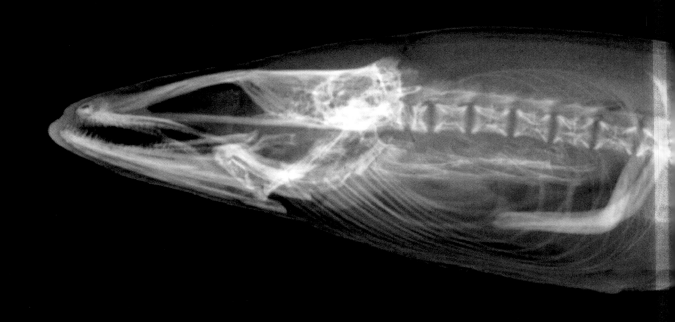

鳗鱼：水底的蟒蛇

鳗鱼就像会游泳的蛇。在上一页，你可以看到鳗鱼的头部两侧有两片鱼鳍。如果没有这两片鱼鳍，它们看起来就好像眼镜蛇或者蟒蛇，对不对？鳗鱼的尾巴是平的，上一页下面那条鳗鱼的看起来比较明显。鳗鱼想在水中游动的时候可以摆动尾巴，这样，它们就不用只靠着那两片薄薄的鱼鳍前进了。鳗鱼游得并不快，但这不是什么大问题，因为它们的食物一般也都静止不动，比如贻贝、鱼卵和幼虫，所以它们也就不需要成为闪电杀手了。

既然鳗鱼不需要快速游泳，那么它们那长长的、弯曲的身体又有什么用处呢？长几片强壮的鱼鳍不是更方便吗？但其实，鳗鱼主要生活在水底，细长的身形可以让它们更容易躲进狭窄的通道或者缝隙里，这样就能到处去寻找食物了。它们还能灵活地游走在芦苇秆、水草和石头间，或者在浅泥中打洞呢。打洞这个技能可是很重要的，特别是在需要一个安全的避风港的时候。毕竟，游得不快，就得学会隐身才行。

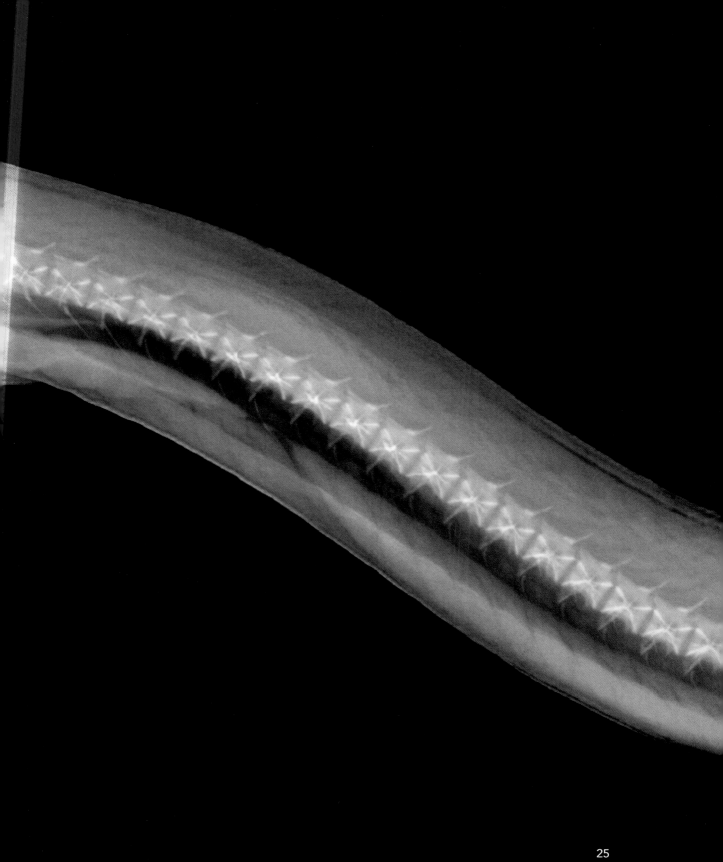

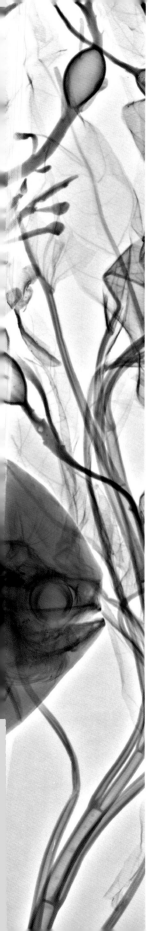

银鲳：我们来聊聊骨头

蝴蝶和蜗牛都不需要骨头。骨头只会增加重量，而它们又用不上。我们人就不一样了。你先站起来，然后想象一下，如果没有骨头，你还能站得住吗？就算勉强站立的话，也会很辛苦，对不对？再试试看：伸出手臂，举起一个很重的东西。如果没有骨头，你还能举得起来吗？困难得多，对吧？好了，现在你知道人为什么需要骨头了。

但是银鲳不用站立，它们可以很好地漂浮在水中。作为鱼，它们也不用去超市购物，自然也就不需要提着很重的东西回家。不过，银鲳还是需要骨头的，因为在其他很多事情上，骨头很重要。骨头可以很好地支撑肌肉。我们射箭的时候，如果弓上没有弓弦，箭就不可能射出去。如果一个弹弓只有皮筋，没有"Y"字形的弓架，就没法把小石子弹出去，除非你把皮筋系在两根手指上。但是，手指里面也是有骨头的呀。

骨头还可以起到保护作用，这一点对于所有有骨头的人或动物都很重要。在左边这张X光片上，你能很清楚地看到每根骨头的位置。那些深色的线条和斑点就是这条银鲳的骨头。你仔细找找，它身上颜色最深的地方在哪里？就在眼睛后面：那是它的大脑，所以那里的骨头也最厚实。所有的鱼都是这样的。从大脑往后延伸，就是脊柱，里面包裹着大部分神经，它们是大脑的分支。神经很重要，所以也被一层骨头保护得好好的。如果你碰到一条不认识的鱼，只要沿着它的脊柱找，就能发现它大脑的位置了。鱼的脊柱都是固定在头骨上的，所以如果它们转动身体，它们的头也会自动跟着转。

鲤鱼和鲈鱼：鱼中也有败笔

我们在画鱼的时候，通常会画成鲤鱼或鲈鱼的样子，但其实可以不用画得这么单调。鱼有太多种形状和大小，怎么画都可以。圆的或者长的，扁平的或者球形的，光滑的或者有褶皱的——它们都存在。你有没有碰到过这种情况：你本想画一条鱼，但画出来的图案看起来好像不合理？千万不要灰心，因为这个世界上可能真的有一种鱼，和你画的这条一模一样。毕竟鱼有千千万万种，形状也各不相同。虽然在这张X光片上，你几乎看不出鲤鱼和鲈鱼的区别。

不过它们的鱼鳔倒是能看得挺清楚的，就在脊柱下面，像个浅色的小袋子，可以像气球一样充满气。如果鱼鳔充满气，鱼就会在水里向上浮。如果它们想去水里更深的地方，就会把气从鱼鳔里排出来。这样，它们可以一直保持着和水相同的密度，不会沉在水底或者浮出水面。

鱼的形状反映了它们的生活习性。这些鲤鱼和鲈鱼的形状，在捕猎者中比较常见。虽然它们本身不是技巧高超的猎手，但是也会吃一些很小的动物，比如昆虫。它们的身体是流线型的，可以让它们在水中快速游动，以捕捉猎物或逃过其他动物的追杀。

鱼鳍也是骨架的一部分，它们非常重要，特别是在向前游动或者需要保持平衡的时候。比如，鱼的背鳍可以防止它们翻滚。长在鱼身体下边的鳍也有这个作用。在脊柱下面，你还可以看到胸鳍，它可以控制前进的方向和速度。长在后边的尾鳍是最重要的发动机。鱼只要用力地抽动一下尾鳍，就能"嗖"的一下冲出去。

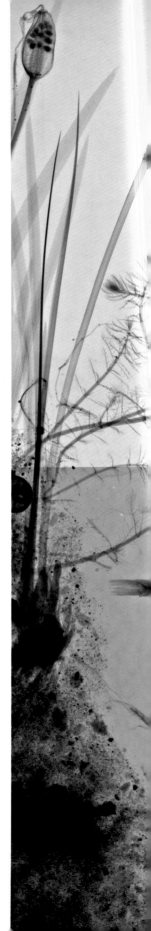

梭子鱼和颌针鱼：高速潜水员

　　捕猎者之间也是有差别的。就拿右边的梭子鱼来说吧，从体形就能看出来，它们游起来一定快如闪电。你在X光片上能看到它们的鱼鳔，由于它们的身体是细长的，所以鱼鳔也是细长的。要不然它们的头刚要往上浮，尾巴就沉下去了，反过来也会这样。梭子鱼看起来很厉害，但并不是速度最快的鱼，它们还差得远呢。所以它们主要靠出其不意地发动攻击来捕猎。它们在水中保持不动，几乎不被注意，等到猎物出现的那一刻，再突然行动。

　　这一点对于所有体形细长的鱼来说都是一样的，比如下面的颌针鱼。它们看起来就像一半是鱼，一半是鱼叉，流线型的身体非常漂亮。但是要想长时间快速游动，就必须像船一样有强力的船舵，对于鱼来说，又大又硬的尾鳍就是它们的船舵。旗鱼、金枪鱼和印度枪鱼是速度最快的鱼。它们的身体不但非常符合空气动力学（在水里的话，应该叫作流体动力学）原理，尾巴还强壮有力。

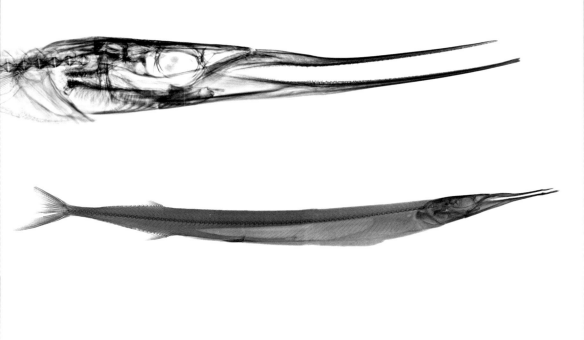

小点猫鲨：会叫的鲨鱼不咬人

　　小点猫鲨不像其他一些鱼有流畅的线条，但是它们的鱼鳍非常有力，可以大力地划水。此外，它们的肌肉不光附着在骨头上，还和皮肤连在一起，因为必须如此：你可以把小点猫鲨的X光片和其他鱼的对比一下，除了脊柱之外，它们就没有其他骨头了。鲨鱼的身体结构是非常特别的。

　　鲨鱼（当然也包括小点猫鲨）和其他种类的鱼还有一个不同之处：它们没有鱼鳔。一些鲨鱼用吸入空气的办法来解决这个问题。在它们体内，最前方的鱼鳍附近有一个空间，它们会用空气把那个空间全部填满，好让自己能浮在水中慢慢游，不至于一下子沉到水底。另外一些鲨鱼找到了其他的解决办法：它们的肝脏会产生一种油。油比水要轻，所以这和使用空气调节是一个原理。你可能会好奇，小点猫鲨用的是哪种办法呢？哈哈，它们只会沉入水底，它们喜欢待在那儿。如果它们想上去，它们就会往上游。

　　小点猫鲨游得并不是很快，但是和你比起来，还是要快一些的……而且，它们经常在海岸边活动。天哪！幸运的是，你不用害怕它们，因为它们是完全无害的。它们最喜欢吃贝类和蠕虫，偶尔也吃一点小鱼。小点猫鲨肯定不吃人，大白鲨大概会因为这一点狠狠地嘲笑它们吧，或者吃掉它们。

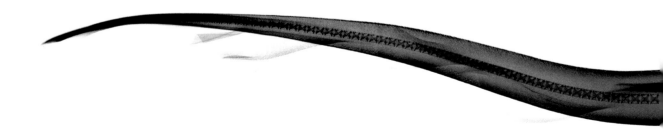

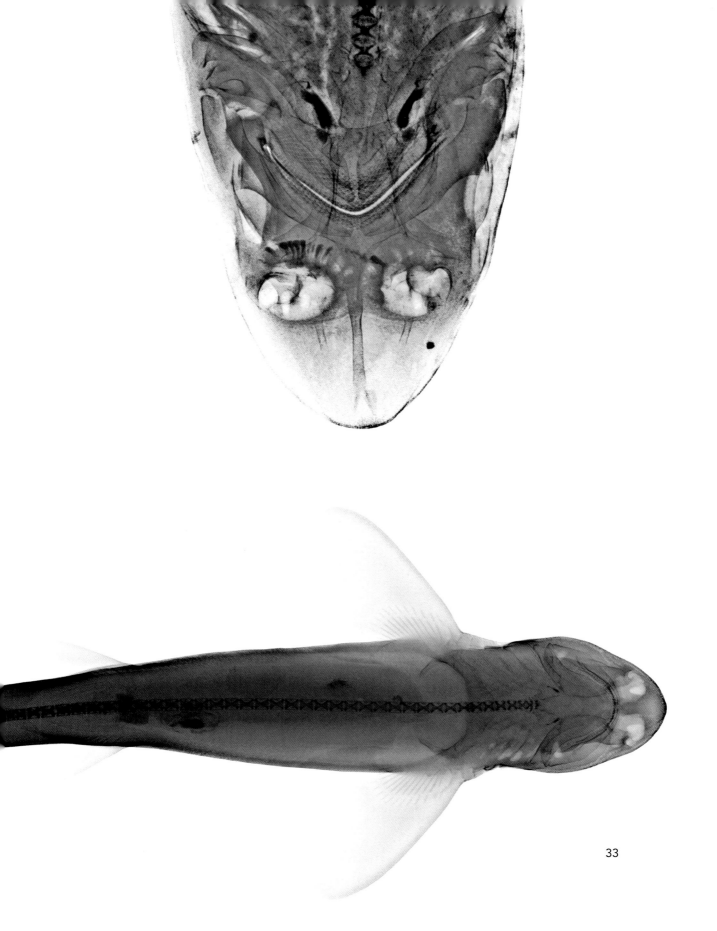

海鲂：水下吸尘器

作为一个捕猎者，你不一定要跑得特别快。海鲂就是一种偷偷摸摸的捕猎者。它们会从猎物的身后悄悄接近，扁平的体形能帮助它们尽可能地贴近猎物。等到完全贴到猎物身后，它们会马上出击。当然了，它们并不是直接用身体去撞击，而是迅速地把嘴张到最大，一下把猎物和水一起吸进嘴里。这就像用吸尘器吸走墙上的蚊子一样，蚊子完全没有逃脱的机会。

海鲂虽然是捕猎者，但也是别的更大的鱼的猎物。这就是海洋的规则。但是海鲂也不是谁都能拿捏的，你看到它们背上的刺了没有？那些就是它们保护自己的武器。如果你有一天想要吃掉一条海鲂，那可一定要小心，别一口吞下……

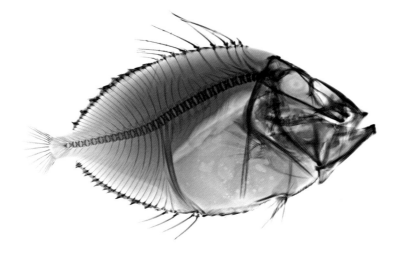

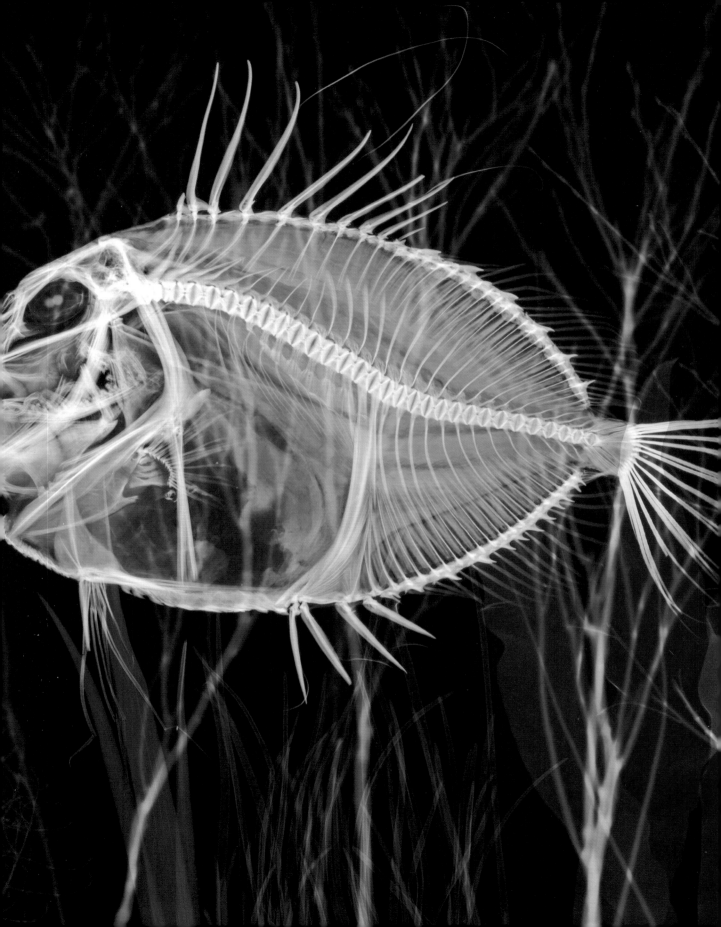

钓鮟鱇：会钓鱼的鱼

钓鮟鱇和海鲂一样，也是把水和猎物一起吸进嘴里的捕猎者。在这方面，它们有一个狡猾的捕猎小技巧。它们生活在海底，经过伪装后，极不容易被发现。在上面这张钓鮟鱇嘴部的X光片上，你能看到一根小棒，末端有一个小块，看起来很像小鱼爱吃的食物。很多小鱼都会被它吸引过来，但是还没来得及咬它，自己就会先被钓鮟鱇吃掉。所以说，不是只有钓鱼爱好者才会使用鱼竿。我们人类发明的绝大部分东西，都在自然界中存在了几百万年。

钓鮟鱇的脊柱紧接着头骨。你看X光片就知道，它们的头和身体其他部分相比有多大。钓鮟鱇还有一个特别的地方，眼睛和嘴都长在头顶上，这在鱼类中是非常少见的。对于我们人来说，这样肯定很不方便，出门如果不朝前看，就会撞上路灯柱。不过对于钓鮟鱇来说，却非常方便，因为它们生活在海底，那里只有会发光的灯笼鱼，没有路灯柱。

鲇鱼：会游泳的舌头

　　和钓鮟鱇一样，鲇鱼的头也占了身体的很大部分，而嘴又占了头的很大部分。这张嘴如此之大，对于其他许多动物来说，可不是什么好事。因为所有能被这张大嘴一口吞下的东西，都有可能真的成为鲇鱼的食物：鱼、小鸟、两栖动物，甚至一些哺乳动物！

　　鲇鱼的嘴周围有一些细须，叫作触须，功能和触角差不多。不过，这不是鲇鱼唯一的特殊感官，它们还能感应到电流。这很有用，因为鲇鱼喜欢待在河底或湖底的淤泥里，眼睛什么也看不见，这时候，它们身体内置的"电流感应器"就派上用场了。鱼本身会放出微弱的电流信号，这样，鲇鱼就能感应到其他鱼在什么地方，以及要游去哪里。

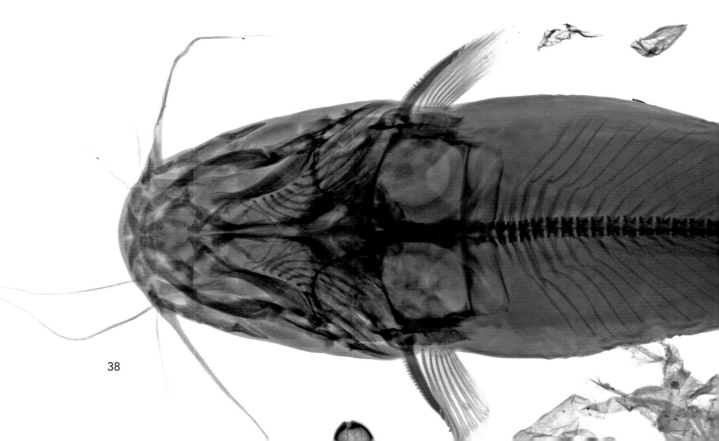

鲇鱼的鼻子和耳朵非常灵敏，味觉也一样出色，它们可以说是味觉王者。我们人只有舌头上有味蕾，鲇鱼就厉害了，它们全身都有味蕾，可以说，它们就是会游泳的舌头。更神奇的是，这条舌头还能远程品尝味道。鱼会分泌出一种物质，这种物质会随着水流散开。鲇鱼尝到该物质的味道后，就可以主动出击跟踪猎物。所以，就算鲇鱼没有感应到、闻到或者看到猎物，它们仍然可以凭味觉在很远的地方找到猎物！

我还没说完呢。和大多数鱼类一样，鲇鱼还有一种我们人没有的感觉器官：侧线。这些侧线在X光片上看不到，一般从鱼的鳃一直延伸到尾巴。有了侧线，它们可以感觉到轻微的振动。

眼睛、耳朵、鼻子、触须、远程尝味、电流感应和侧线：鲇鱼绝对是感官强者。在海洋里，大白鲨是最危险的捕猎者；而在湖泊和河流里，鲇鱼是有实力争夺这个称号的。有人甚至发现过一条长2.78米、重144千克的大鲇鱼。幸好，它的嘴还没有大到能把你一口吞下去，否则你也可能成为它的盘中餐。

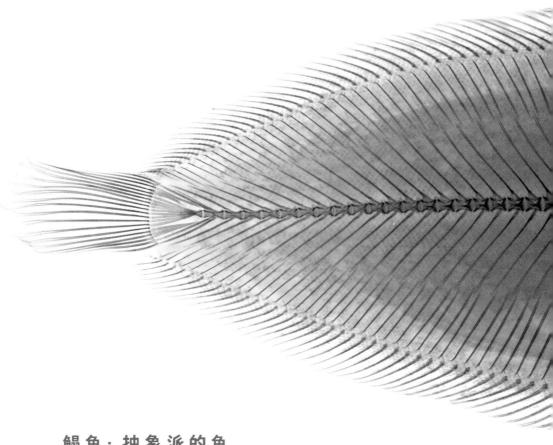

鳎鱼：抽象派的鱼

　　虽然鲇鱼全身都有味蕾，但是鳎鱼才更有资格被称为"舌头"，因为它们看起来真的很像一条舌头。很多人觉得这种鱼简直是人间美味，所以它们卖得还挺贵的。有人喜欢吃，就会有餐厅买这种鱼来做成菜，但是如果没有人点它怎么办？鳎鱼这么贵，放了一段时间后，就算是不新鲜了，可能有些餐厅也舍不得扔掉。有些滑头的厨师就想出了一个解决办法：在上面铺上甜甜的水果。这样，客人就尝不出来鱼肉坏了。所以我跟你说，千万不要在餐厅里点"毕加索鳎鱼"这道菜，虽然盘子里的水果让它看起来很像毕加索的抽象画。

　　那些没有被端上餐桌的鳎鱼，看起来也很像一幅抽象画。你可以猜一猜，上面这张X光片是从鳎鱼的侧面拍的，还是从上面拍的？我猜你会说侧

40

面，不好意思，你猜错了。鳎鱼的两只眼睛长在同一边，所以从上面看都能看到。这就好像你有两只左眼，但是没有右眼一样。毕加索也画过很多这样的画。很多鱼都是对称的，左、右两边的身体完全一样。但是鳎鱼好像长失败了，你看看它的骨头，乱七八糟的。

其实，鳎鱼的身体结构是很适合它的。首先，它们习惯平躺在海底，所以没必要留一只眼睛埋在沙子里，什么也看不见。两只眼睛一起往上看的话，还能看得更清楚呢。其次，有一种鳎鱼的个头特别小。如果有渔民刚好用了洞比较大的渔网，它们就能直接从网洞中钻出去。这小小的鳎鱼，不光长得像艺术品，还懂得逃脱术呢。

鳐鱼：弯曲还是断裂，这是个问题

叮，实验时间到！先找一根橡皮筋，使劲把它扔到地上。然后重复这个实验，但是把往地上扔的东西换成你爸爸妈妈最喜欢的花瓶。你猜结果会怎样？橡皮筋肯定不会被摔坏，但是你在接下来几个月里，肯定没法从爸爸妈妈那里得到零花钱了。那些柔软的东西是不会被摔坏的，但是坚硬的东西则很容易被摔碎。所以我们经常见到骨折的人，但是从来没见到过骨折的鳐鱼。

鳐鱼、鲨鱼和其他一些鱼类的骨骼，都是由软骨组成的。软骨比一般的骨头要柔软，也更有弹性。其实软骨也是可以折断的，但是想做到这一点非常难。所以说，骨头软也不一定是坏事。人的身体里也有软骨，只是比较分散。比如我们的鼻子里就有软骨，耳朵和关节里也有。你在吃鸡腿的时候也能看到软骨，就是大骨头中间那些有韧劲的、看起来像橡胶的部分。

我们之前说到，钓鮟鱇的头占了身体的很大部分。你现在看到的这条鳐鱼叫作背棘鳐，它的鱼鳍占了身体的很大部分。说是鱼鳍，其实看起来更像翅膀，它游泳的时候也确实像在水里飞翔一样。鱼鳍里都是肌肉，有上千块小骨头在支撑着这些肌肉。你还可以看到它巨大的颌部，上面长着满满的好几排牙齿。准确地说，应该叫臼齿，因为它们并不尖锐，而是平的，很适合用来嚼东西。鳐鱼很喜欢吃贝类和螃蟹，所以真的很需要强壮的上下颌和超多臼齿，不然要嚼碎它们的壳可太难了。更妙的是，如果鳐鱼不小心被食物硌掉了一颗牙，新的牙早就在牙床里准备好了。

有些鳐鱼的尾巴上还有一根毒刺，可以用来保护自己。但是你不要害怕，鳐鱼对人是没有危险的。有些水族馆还让人零距离抚摸鳐鱼呢，它们非常友好。不过，鳐鱼真的喜欢住在水族馆里被人摸吗？如果它们生来就是为了被人拥抱，那它们总应该先有一身软软的皮毛才对吧？

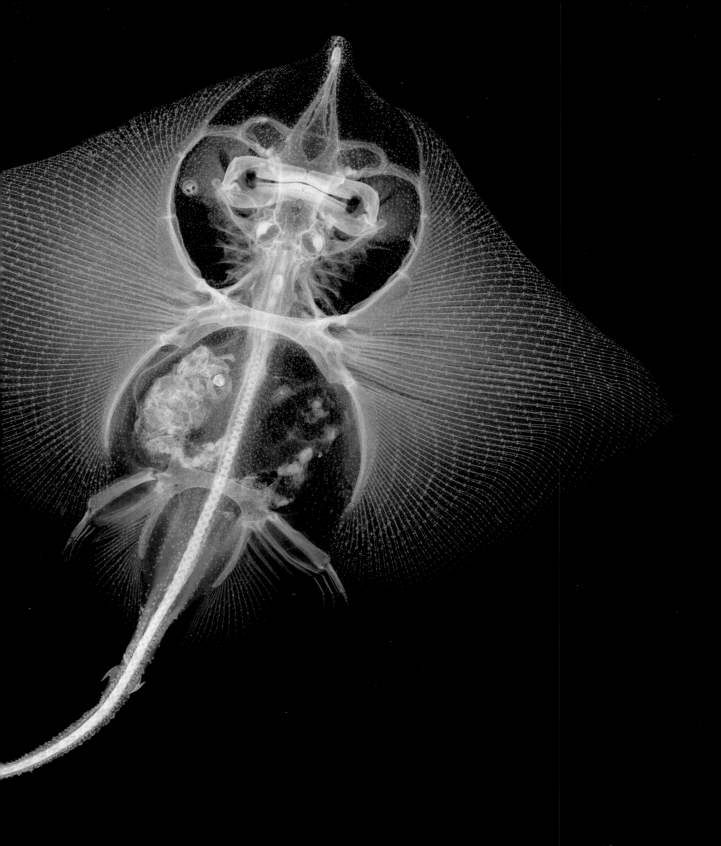

43

海马：例外中的例外

每种鱼都有自己独特的体形，而这些体形也各有自己的优点和缺点。鱼可以是大的、小的、扁的、长的、短的、球形的、有棱角的、光滑的、鱼鳍大的或鱼鳍小的——只要你想得到。你是不是觉得我差不多说全了？其实还差得远呢。你看这些小海马，它们该分入哪一类？海马的体形跟上面说的任何一种都不一样，它是例外中的例外。

例如，海马不光身体内部有骨架，身体外部还有。在右边的X光片上，你能看到很多块状凸起，它们和坚韧的骨板一起组成了海马的"铠甲"。假设你是一个捕猎者，辛辛苦苦地咬穿海马外面的保护壳后，你还得对付它们里面的骨头。这张X光片上所有深色的部分都代表着坚硬的保护结构。对于大多数捕猎者来说，费了这么多力气还只能吃到一丁点肉，实在太不值得了，所以它们往往会放过海马。

海马还有什么例外呢？它们没有储存食物的胃！它们吃下去的东西直接就到肠子里了。此外，海马的口鼻部非常小，还没有牙，所以一次吞不了太多东西。它们的上下颌还是连着的，只能把食物吸进嘴里。这么一来，海马只能每天不停地吃东西，才能不让自己挨饿。它们吃的又是很小很小的虫子，于是就要吃很多很多，还要吃很久很久。所以，如果你像马一样饿还好，要是像海马一样饿，就太惨了。

我们继续往下说。你知道海马生孩子，不是由海马妈妈，而是由海马爸爸来孵卵吗？等到卵发育成熟之后，海马爸爸会从育儿袋里喷出一团团由好几十只迷你小海马组成的小"云朵"。海马身上的例外真的很多，对不对？不过……食蚁兽的鼻子，马的头，昆虫的外壳，鱼的骨头，袋鼠的育儿袋，蜘蛛猴的尾巴，这么一看，海马也不算例外嘛，它是所有动物的大集合！

44

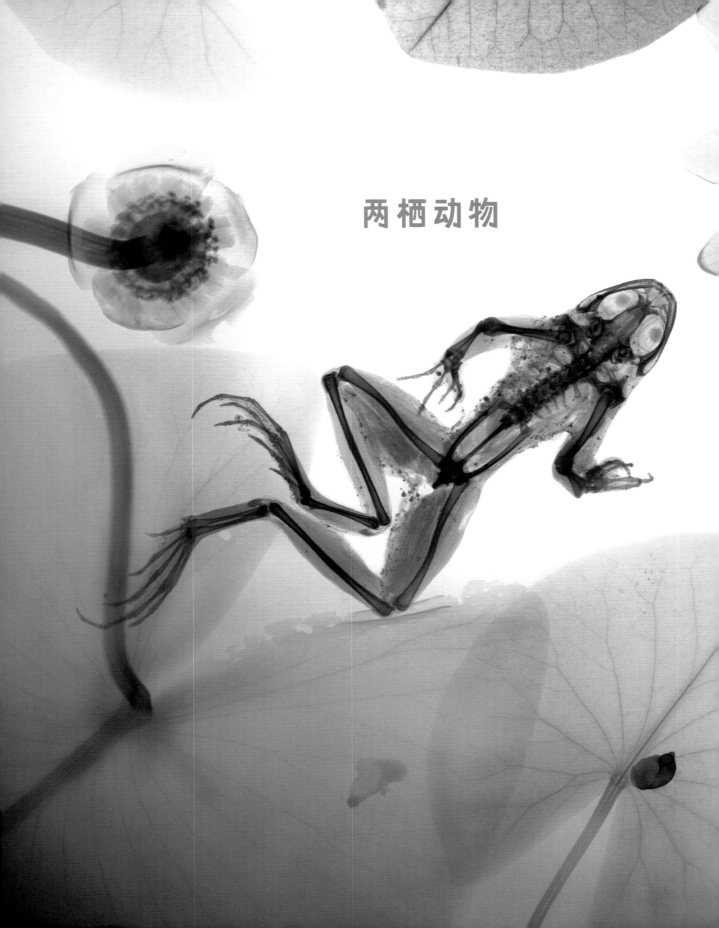

两栖动物

湖侧褶蛙：青蛙可比王子厉害多了

在童话故事里，青蛙后来变成了王子。这听起来好像是只能发生在童话世界里的事情。但是，在青蛙的一生中，它们本来就经历了一次巨大的改变，从一种动物变成另外一种动物，那为什么不可能再变一次，变成第三种动物呢？每一只青蛙在刚被生出来的时候，都是一颗小小的卵，接着变成小鱼般的蝌蚪。然后，小小的奇迹就在它们身上出现了：先是从身体的中部长出两条后腿，不久之后又长出两条前腿，最后尾巴一点一点地消失，那些消失的部分长成了青蛙身体的其他部分。整个过程就好像动物是用乐高积木拼起来的。接下来，它们继续慢慢长大，很快就长成了青蛙。游泳达人变成了跳跃专家。

一只蹲在地上的青蛙，就像一根被压紧的弹簧。只要把腿伸直，它就会像炮弹一样弹射出去。它腿伸直得越快，弹射的距离就越远。因为青蛙的后腿特别长，包括大腿、小腿和……小小腿？你看它的X光片，好像真的是这样呢。这是因为青蛙的跗骨（后腿的骨头中，从上至下第三节）特别长，使它看起来就像多了一截腿。看，青蛙跳到空中的时候，这些"腿"（直至趾尖）组成了一张长长的、流线型的弓。

青蛙身体的其他部分也能帮助它们成为厉害的跳跃专家。大部分青蛙的跳跃距离能达到它们身体长度的20倍。如果你也有这么强的弹跳力，你就能轻轻松松地跃过一辆大巴车，而且是从车头跳到车尾的那种！不过就算你能跳过去，也很难安全落地。这对青蛙来说倒不是什么难事。它们的肩胛骨特别坚固，可以承受落地时的冲击力。它们没有容易断裂的肋骨，保护它们的是从短短的脊柱上延伸出来的坚固凸起，叫作横突。另外，青蛙腿上的骨头也非常坚硬。最后，青蛙骨盆的结构同样很特别：由两根长长的、可以活动的骨头组成，中间还长着一块小骨头用来加固。青蛙的骨架很轻，但是也有保护作用。

　　从蝌蚪变成青蛙之后，它们也没有失去游泳这个技能。右页上有一只青蛙，它的后脚脚趾间有一层非常适合游泳的蹼。大部分青蛙都有脚蹼，所以在水中游的速度也很快。青蛙的前脚脚趾间是没有蹼的，这么一来，前脚上的4根脚趾就能用来抓住东西。它们在陆地上生活的时候，这4根脚趾可有用了，毕竟有些青蛙特别喜欢爬树。所以说，青蛙的身体结构是非常精妙的。搞不好，它们还不愿意变成王子呢。毕竟王子既没有它们跳得高，也没有它们游得快。

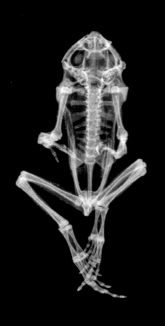

树蛙：靠眼睛吃饭

在右边的这张X光片上，青蛙的每一根骨头都清晰可见。我猜你肯定一下子就被它的那双大眼睛吸引了吧？毕竟眼睛占了头的好大一部分。它们是向外凸出的，就像堡垒外墙上凸出的炮塔一样。有了这么一双眼睛，青蛙就能看到前面、后面和两边的东西，根本不用转头。你还可以看到青蛙的牙齿，就在头的外缘。青蛙只有上颌才有牙齿，但有一个种类例外：它们上、下颌都有牙齿。人的舌头是从喉咙的位置开始长的，但是青蛙不一样，是从嘴的中间开始长的。这样，它们就能把舌头伸得长长的，然后像闪电一样把昆虫卷进嘴里。但是，这真的如此有用吗？

想象一下，你的舌头也在嘴的前部，而你正在吃三明治，你要怎么才能把咬下来的三明治送到喉咙里呢？根本做不到，对不对？这个时候，青蛙的大眼睛就能派上用场了。它们只要把眼睛一闭，原本凸出的眼睛就能把嘴里的食物推到嘴后边，然后送进喉咙。所以有的时候，眼睛比胃还大，也不是一件坏事呢。

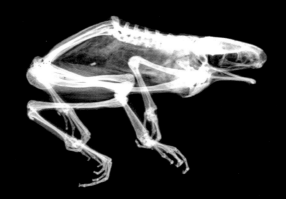

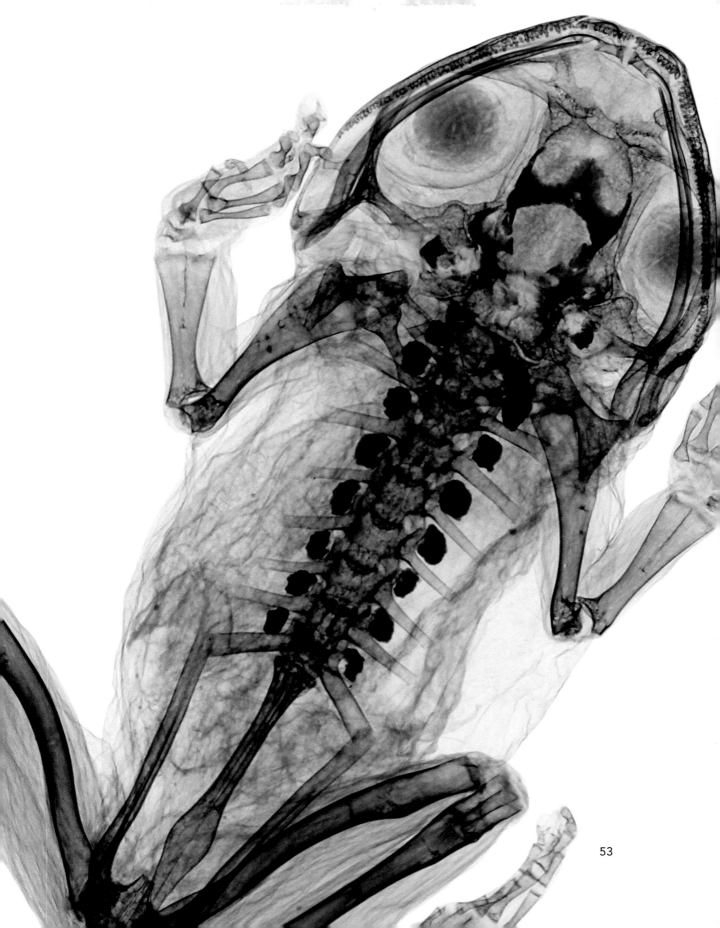

53

爬行动物

美洲蜥蜴：霸王蜥

　　我们的X光片集整理到这里，也该给恐龙拍上一张了。你应该能从X光片上看出来，我们已经为你准备好了。很可惜，它没有用两条后腿站起来，要不然，你就能更清楚地看到它是霸王龙的表亲了。等等，霸王龙的腿应该没有这么短吧？而且恐龙不是早就灭绝了吗？这样看来，这肯定就是一只蜥蜴了。虽然它不是恐龙，但是跟恐龙也有亲戚关系。更厉害的是，几百万年前，蜥蜴和恐龙就共同生活在地球上，所以它们还做过邻居呢。

　　这只蜥蜴不光长得像恐龙，它和我们人也有点像呢。你看，它有保护大脑的坚硬头骨，保护心脏和肺的肋骨，一根大腿骨和两根小腿骨，接着是一

些较小的足骨，然后是5根手指和脚趾：跟我们人一模一样。如果你想知道一种动物到底算两栖动物还是爬行动物，直接数它的手指就可以了：两栖动物只有4根，而爬行动物有5根。当你仔细观察蜥蜴的牙齿，会发现前面的牙齿比较尖，就像食肉动物的犬齿，后面则是典型的食草动物的臼齿。所以蜥蜴是杂食动物，和我们人一样。

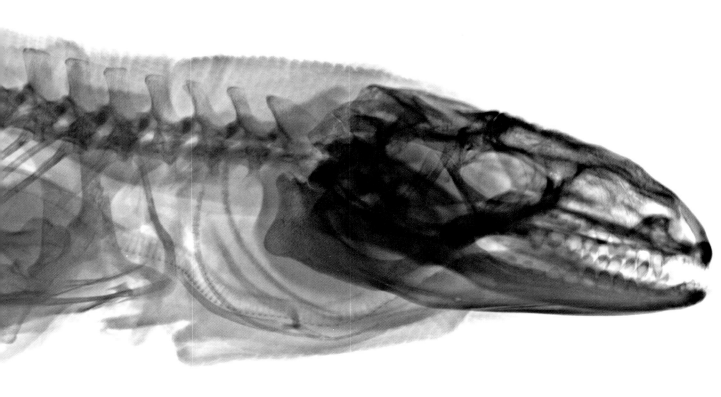

　　你肯定已经发现了，蜥蜴和人之间还是有一个很大的区别的，那就是蜥蜴有一条巨大的尾巴。这条尾巴非常神奇，狗、袋鼠和老虎也会希望能有这么一条尾巴呢。美洲蜥蜴和其他蜥蜴一样，可以主动甩脱自己的尾巴。比如说，遇到一些威胁它们生命安全的捕猎者时，它们会舍弃掉四分之三的尾巴，让它留在原地继续抽动。在天敌被这一幕震惊得目瞪口呆的时候，美洲蜥蜴——准确地说，是少了一大截尾巴的美洲蜥蜴——早就跑得没影儿了。

　　不过你也不用担心，因为断掉了的尾巴还能再长回来。我们和蜥蜴可没法比，如果你的胳膊断了，它肯定不会再长出来了，但是蜥蜴的尾巴可以。不过蜥蜴断尾，也不是全无坏处，比如新长出来的尾巴就没有原来的那条好用。这是因为新尾巴里面没有脊椎骨，只能靠着软骨支撑。而且2.0版本的尾巴比原来的小一点，也没那么灵活。虽然有一些缺点，但是毕竟能活命，所以也没什么可抱怨的，不是吗？

当然了，尾巴不是一天就能长好的，它需要一些时间慢慢长出来。蜥蜴没了尾巴，会很不舒服。它们不光靠尾巴和同伴沟通，把能量储存在尾巴里，还需要尾巴帮忙保持平衡，所以它们不会轻易地断掉自己的尾巴。不过，如果真的到了生死关头，蜥蜴也不会纠结：毕竟还是命更重要。而且这个保命绝招也确实有用，恐龙可是在好几千万年前就已经灭绝了，但是蜥蜴还好好地生活在地球上呢。

鬃狮蜥：刺头一只

水真的是好东西。你口渴的时候，喝口水就很舒服。你从很高的跳台上跳下来，下面也要有水才行，因为水可以消解大部分冲击力。正因为这样，水里的动物并不像陆地上的动物那样，需要非常坚固的骨骼。对于陆地上的生物来说，有一副强壮的骨架是很重要的。

鬃狮蜥大概是最有代表性的陆地动物了，它们生活在地球上最干旱的沙漠地区。在X光片上，你看到鬃狮蜥的那些肋骨没有？它们把整个腹部和胸腔都保护得很好。鬃狮蜥只有下颌和前腿之间没有骨头，不过那里恰恰有最坚实的"护甲"：它们的"胡须"。如果鬃狮蜥碰到棘手的天敌，就会鼓胀起"胡须"。这个时候天敌就会看到一件非常厉害的护甲，上面长满了可怕的刺。你可以从X光片上看出它是怎么做到的：把下颌下面弯曲的骨头像帐篷一样撑起来，让"胡须"在一瞬间变大。一般来说，只要鬃狮蜥鼓胀起"胡须"，天敌就会被吓走。这可是件好事，因为鬃狮蜥并不能断尾保命，毕竟不是所有的蜥蜴都会这个绝招。

如果你仔细观察，还会发现鬃狮蜥的后腿比前腿要粗壮得多。遇到危险的时候，它们就靠后腿的力量迅速地逃跑。蜥蜴跑得非常快，比如双嵴冠蜥，甚至能快到在水上打水漂。不过这个技能鬃狮蜥并不会，如果张开"胡须"不能吓退天敌，它们就只能靠逃跑保命了……

南草蜥：长了脚的蛇

　　看到左边X光片上的两只小蜥蜴了吗？你能顺着它们的身体一直找到它们的尾巴尖吗？它们的尾巴是不是还挺长的？南草蜥的尾巴能有身体的5倍那么长。所以我有点怀疑，尾巴这么长，生活真的方便吗？想象一下，你要参加跳高比赛，身后却拖着一条好几米长的尾巴；或者你要参加短跑比赛争个名次什么的，这条长尾巴似乎没法帮你取得好成绩。还好南草蜥不用参加这两种比赛。它们身体很小，体重很轻，尾巴也同样很轻，所以它们甚至可以顺着比较硬的草茎往上爬。爬到"高处"之后，南草蜥既能晒到太阳，温暖身体，也能观察周围有没有危险。它们还能从一根草茎上跳到另外一根草茎上，这个时候，长尾巴就是保持平衡的神器了。

　　南草蜥经常被看成长了脚的蛇。当它们在草丛里爬行的时候，草会盖住它们的脚，让它们看起来跟蛇没有什么分别。人嘛，基本都是怕蛇的，碰到小蛇也会赶紧躲开。只可惜，有些动物并不会被南草蜥欺骗性的外观蒙蔽，还有些动物把蛇看作美味佳肴。所以，有些食肉动物也会抓南草蜥来吃。不过你应该也能猜到南草蜥的保命绝招了，没错：尾巴一甩，溜之大吉喽。

平原巨蜥和蟒蛇：差别只在脚上

如果说南草蜥是长了脚的蛇，那么蟒蛇就是没长脚的巨蜥。右边的这张X光片上，同时有蟒蛇和巨蜥的影像，你对比一下就能发现，它们的骨架非常相似。所以说，不管是巨蜥、其他种类的蜥蜴还是蛇，它们都是亲戚。

巨蜥和蟒蛇都是捕猎者，而且它们的食谱上还有一些重合的猎物：啮齿动物、蜥蜴、鸟类和两栖动物。不过蟒蛇会吃一些大型的哺乳动物——当然，前提是捕猎成功；而巨蜥正好相反，它们会吃一些小型的动物，比如昆虫和蜘蛛。巨蜥和蟒蛇生活的地方也基本一致。它们还有一个相同点：都有一条分叉的舌头，可以用来分辨气味。

当然了，巨蜥是有脚的，这是它们之间最大的不同点。其实，很久很久以前，蛇的祖先也是有脚的。在接下来的几千万年里，它们用到脚的机会越来越少，最后脚就慢慢消失了。在没有脚的几千万年里，蛇也能生活得挺好。蟒蛇会用自己的身体紧紧地缠住猎物，把猎物勒死。巨蜥也可以用脚直接抓住猎物。不过能让它们这么做的机会很少，因为不论是巨蜥还是蟒蛇，都能发起突然袭击，然后在猎物完全没反应过来时就把它们杀死吞进嘴里。既然能省事，为什么还要白白消耗体力呢？

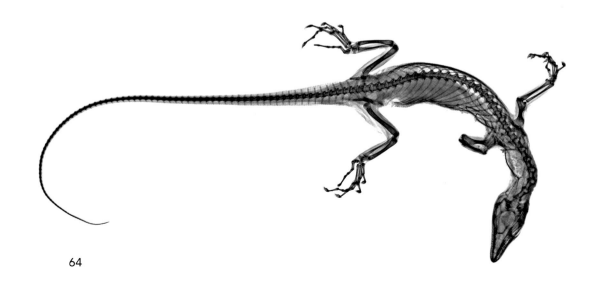

鳄鱼和蟒蛇：两个失败者和一场平局

　　如果一条鳄鱼和一条蟒蛇碰上了，那可是一个欣赏致命尖牙的好机会。谁能赢得这场生死搏斗的胜利呢？你在网上能找到很多它们打架的可怕视频，有时候是蟒蛇赢，也有时候是鳄鱼赢。它们都是依赖于发起突袭来制敌的动物。从这个角度来说，蟒蛇应该是更有优势的。它的攻击方法是用身体缠住猎物，让对方不能呼吸。如果蟒蛇缠住鳄鱼，它就能一点一点地把鳄鱼身体里的空气全部挤出来。可问题是，鳄鱼可以很长时间不换气，而且比蟒蛇大得多，也更强壮。你看右下方的鳄鱼，它的前腿是从脊椎旁边的深色区域那里才开始长的，也就是说，剩余的部分都是它强壮的身体。在背景中，你也能看出来它的身体有多么庞大。所以，到底谁会赢呢？

　　当然啦，X光片上的这一幕是我安排的。这里的鳄鱼和蟒蛇都已经死掉了。这么说的话，它们其实都是输家啦。

变色龙：死亡之舌

　　我猜，你可能听说过变色龙，不过你知道的应该都和它们的皮肤有关。大家都知道，变色龙的皮肤可以改变颜色。但其实这还不是它们最独特的技能。如果有人碰巧发现他的裤子拉链已经好几个小时没有拉紧了，那他的脸色也能马上就变红。再说了，我们这本书里全是X光片，也看不到变色龙变色，那就让我们来看看它们还有什么有趣的特点吧！

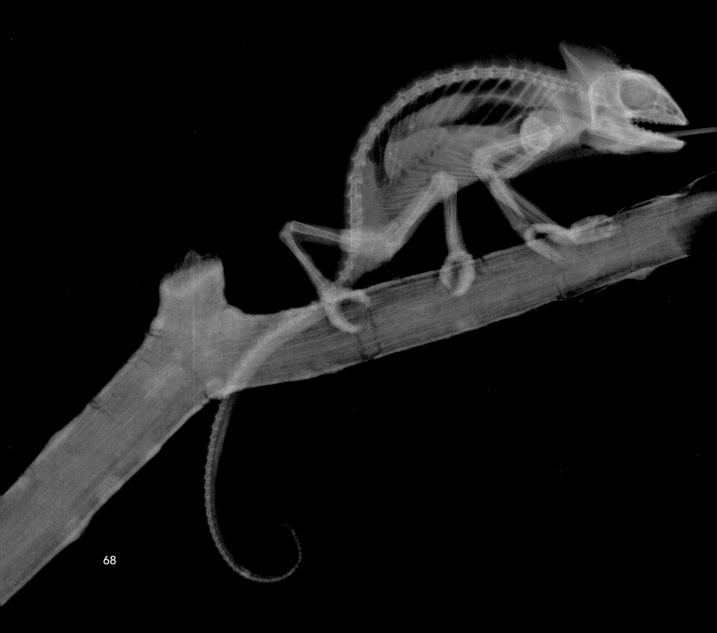

就拿尾巴来说吧，变色龙的尾巴可以像柔嫩的藤条一样，卷成很漂亮的形状。而且，它也非常有力量，可以在变色龙爬树的时候当成第五条腿来用。变色龙的脚趾也很有特点，它们就像拖车的爪子一样，可以紧紧地抓住树枝或者树干。这些脚趾的形状和猫头鹰的很像，是分开长在脚掌两边的。不过这些都不是变色龙最特别的地方，因为我们还没讲到它们的舌头呢。

舌头是变色龙最重要的武器，能以每秒25米的速度卷住树上的猎物。你可能在玩具商店见过那种玩具枪：可以射出连着绳子的木头子弹。变色龙的舌头就和这种玩具枪差不多，只不过舌尖上不是木头子弹，而是一个吸盘，能紧紧地吸住猎物。

变色龙的舌头可以长达它们身体的两倍（当然尾巴的长度不算），而它们的嘴又很小，所以舌头在嘴里是像手风琴一样折叠起来的。其实光折叠也不够，变色龙的嘴之所以能放得下整条舌头，是因为它平时并没有那么长。这条舌头更像是一根橡皮筋。变色龙的嘴里有一根舌骨，可以像弹弓一样帮助舌头工作。需要舌头上场的时候，这个"弹弓"就会依靠嘴里强壮的肌肉，以极快的速度把舌头弹射出去。看来，有这么一条舌头还真是方便啊。但是你也不用羡慕变色龙，因为这条舌头也有做不到的事情，而我们的舌头能做到，那就是说话。但话说回来，我们的皮肤不太会变色，但是变色龙的皮肤会啊，这样比下去，我们就说不完了……

巴西红耳龟：冷血的老家伙

　　乌龟和海马一样，都是受到双重保护的动物。乌龟有龟甲作为外层保护，身体里面还有骨头。在左边的X光片上，你能清晰地看到这种双重保护。不过乌龟的背甲没有那么厚实，所以你还能看到背甲下面的4只脚和其他骨头。而且巴西红耳龟也不需要太厚的背甲，毕竟它们主要生活在水里。乌龟能活很久很久，可见这种双重保护还是很有效的。

　　巴西红耳龟"只能"活50岁。50年虽然听起来不是很长，但是对个头这么小的动物来说，已经非常厉害了。一般来说，小型动物要比大型动物寿命短。巨型陆龟的寿命就要长得多。我们已知的寿命最长的一只陆龟叫作阿德维塔，它在2006年去世了，活了250多岁。另外还有一只叫作图伊·马里拉的陆龟，它的寿命在189~193岁之间。

　　不过，乌龟的身体被保护得很好并不是它们真正的长寿秘诀，新陈代谢才是。乌龟的新陈代谢速度特别慢，这就意味着它们每天只消耗很少的能量，而这恰恰是长寿的最好方式。新陈代谢的速度越慢，细胞坚持的时间就越长，寿命也就越长。人类已经发现的寿命最长的动物甚至都不是乌龟，而是一只北极蛤，它活了507岁！贝类的长寿秘诀在于，它们可以把新陈代谢的速度降得非常低，几乎接近于零。人是不可能做到这一点的，因为我们身体的新陈代谢如果慢下来，我们的体温就肯定达不到37℃了。

　　人和其他哺乳动物都是恒温动物，需要燃烧能量来保证身体的温度；乌龟和其他爬行动物都是变温动物，不需要自己生产热量，只需要从阳光里吸收热量。这只巴西红耳龟的背甲不光是它的护甲，也是一块太阳能板。所以，乌龟在阳光下，比在温度低的水里更有活力。

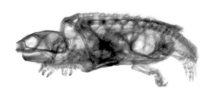

　　如果你也想活上好几百岁，你必须穿上盔甲，戴上头盔，然后再想办法把自己从恒温动物变成变温动物。

蟒蛇：胃口越大，血口越大

给你三次机会，猜猜鼠蛇吃什么？恭喜你猜对了，就是小鼠！它们还吃青蛙、鸟、蜥蜴和什么来着？哦，大鼠[①]。这听起来没什么特别的，但如果我告诉你，右边这条鼠蛇的头实际上比你的拳头还要小，而一只大鼠的头其实比你的拳头要大得多呢？而且蛇又不会用刀叉吃饭，它是怎么吞下一只大鼠的呢？这个问题的答案就在蛇的头骨里。它的结构非常精妙——不仅蟒蛇，所有的蛇都是如此。有些大蛇甚至能吞下一整头山羊。

你可以举起一只手，模仿蛇头的结构，就像左边这条蟒蛇的头一样。你的拇指是下颌，其他4根手指组成上颌。现在，让这张"蛇嘴"使劲张大，张到最大。蛇的嘴也可以张到这么大，所以完全可以吞掉一只个头不小的动物。蛇的下颌并没有固定在什么地方，而且下颌的左边和右边也都是分开的，这么一来，它们不光能竖着张大嘴，还能横着加宽嘴。蛇的后牙每咬一下，都能把食物推向喉咙里更深的地方。

蛇的喉咙和胃都非常有弹性，所以只要嘴里放得下，它们就能很轻松地把猎物吞下去。为了方便食物往下滑，蛇的肋骨还能向外张开。只不过，那个画面可能有点奇怪：一条细长细长的蛇，身体中间突然凸起了一大团，就像你用吸尘器吸一个足球，但它卡在了软管中间一样。食物进了胃之后，几天内就能被消化完，除非猎物个头特别大，时间可能要久一点。不管是什么猎物，最后都只剩下几团大便。余下的部分，从头到尾都被蛇消化吸收了。

说到尾巴，蛇到底有没有尾巴呢？还是说它们的整个身体其实都是尾巴？别急，我已经帮你找到答案了：蛇确实是有尾巴的。因为蛇的泄殖腔——它们用来小便、大便和产卵的孔——并不在身体的最后端，而是稍微靠前一点，所以泄殖腔后面的部分就是蛇的尾巴。蛇的尾巴也很有用处。它们可以轻轻地摇动尾巴，让自己看起来好像一条在前进的蠕虫。当其他动物以为这是食物，试图发起攻击的时候，蛇就可以后发制敌完成捕猎。所以说，即使是没有毒的蛇，也有一条狠毒的尾巴。

[①] 鼠科动物统称为鼠，下面又细分为小鼠、大鼠等，它们并非只有体形上的差别（详见第98页）。

鸟

仓鸮：不够大没关系，比猎物大就行了

看到一只鸟的时候，我们以为这就是它真实的样子。但实际上，我们只是看到了一大堆羽毛，而它的身体藏在这堆羽毛下面。右边的这张X光片上有两只鸟，这才是鸟类身体真实的样子。下面这只平时看起来特别威风的仓鸮，没了厚厚的羽毛大衣，也不过是一只有点干瘪的小鸟而已。不过，你也别小瞧仓鸮，它们最高可以长到40厘米，能轻轻松松地抓住所有的啮齿动物和一些小一点的鸟。被它们尖锐的爪子抓住脖子，可不是什么好玩的事情。而且你别忘了，它们还有锋利的鸟喙呢。

现在同样的情况出现了：被仓鸮抓住的鸟，也有一件厚厚的羽毛大衣。所以它们的身体其实也比看上去的要小很多。这么说吧，身体大不大不重要，比猎物大才是重点。

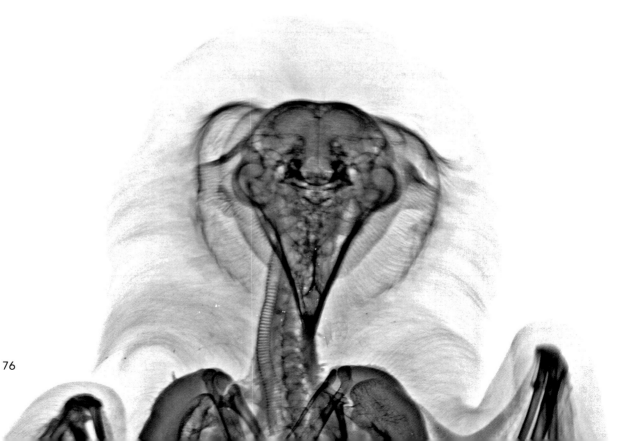

鹡鸰：在空中游泳

鸟儿总是很漂亮的，就算不是特别漂亮，也能发出好听的叫声。大家都知道这一点，但很少有人去了解它们的身体结构到底有多么奇妙。几百年来，我们人类一直非常努力地想像鸟儿一样自由飞翔，但是从来没有成功过。为什么呢？因为我们总是去研究鸟类的外观，却不怎么关注它们的内在结构。这真是太不聪明了。如果我们早一点开始研究鸟类的骨骼，就会知道，光靠着在手臂上装几对翅膀，人是绝对不可能飞起来的。

想要飞起来，你必须很轻，还要借助空气的阻力。所以，吹走一根头顶上的羽毛比吹走一块石头容易得多。提供空气阻力的当然就是翅膀了，鸟儿通过扇动翅膀把自己推向空中，就像在空中游蝶泳。只有又轻又强壮，才能成功飞翔。鸟类是，而我们人不是。

当然了，你也能在右边的X光片上看到很多骨头。你可能会问，这么多骨头加起来，不会让鹡鸰变得很笨重吗？当然不会，因为它是一只鸟呀。你看它的骨头，和芦苇秆差不多，几乎没什么重量。因为骨头内部都是中空的，好像里面挤满了小气泡。这么一来，鹡鸰的骨头又轻盈又坚固，连它们的鸟喙也非常轻。鸟喙并不是由骨头，而是由角蛋白组成的，也就是说，鹡鸰的喙和你的头发由相同的材质组成，很轻巧吧？

在X光片上，你也可以看到鸟儿飞行的力量来自哪里。在这只鹡鸰身体的前侧，你能看到一片从胸前一直延伸到肚子下面的浅色区域。那是它的胸骨。在我们的身体里同样的位置，也有一块胸骨，不过却是一块很普通的骨头。而鹡鸰的胸骨非常大，因为它需要支撑住大量的胸部肌肉，这些肌肉能为飞行提供动力。鹡鸰虽然个头不太大，但是就算是世界健美冠军，也不可能拥有像它这样健壮有力的大片肌肉。如果没有这样的肌肉，你就别想飞起来，更别提还要带着你那些沉重的人类骨头一起飞了。

长耳鸮：反着长的"膝盖"

　　咦，好像有点不对劲。右边这只长耳鸮的膝盖朝着我们，头却扭向一旁。至少，看起来是这样没错吧？但如果真是这样的话，它的身体的方向不就反了吗？可如果它是背对着我们的话，那它的膝盖是不是又反了？这是怎么回事？难道说我们看到的并不是它的膝盖？还是说长耳鸮根本就没有膝盖？

　　其实，猫头鹰①是有膝盖的。而且它们的膝盖和我们的是同样的结构。只不过，猫头鹰的膝盖不太好找。下面是欧亚鵟的X光片，你能很清楚地看到它的身体姿势。但是长耳鸮的就没有那么容易看清楚了，看起来像大腿的部位，其实是它的小腿。所以我们以为是膝盖的部位，其实是它的脚踝。而我们以为是小腿的部位，其实是连着4根脚趾的跖骨。所以，长耳鸮的大腿实际上藏在厚厚的羽毛下面。现在你知道了，猫头鹰的骨头和我们的一样，膝盖也朝着相同的方向。

　　话是这么说，不过总是看不到猫头鹰的大腿还挺奇怪的……

① 猫头鹰是鸮形目鸟类的统称，长耳鸮是鸮形目鸟类。

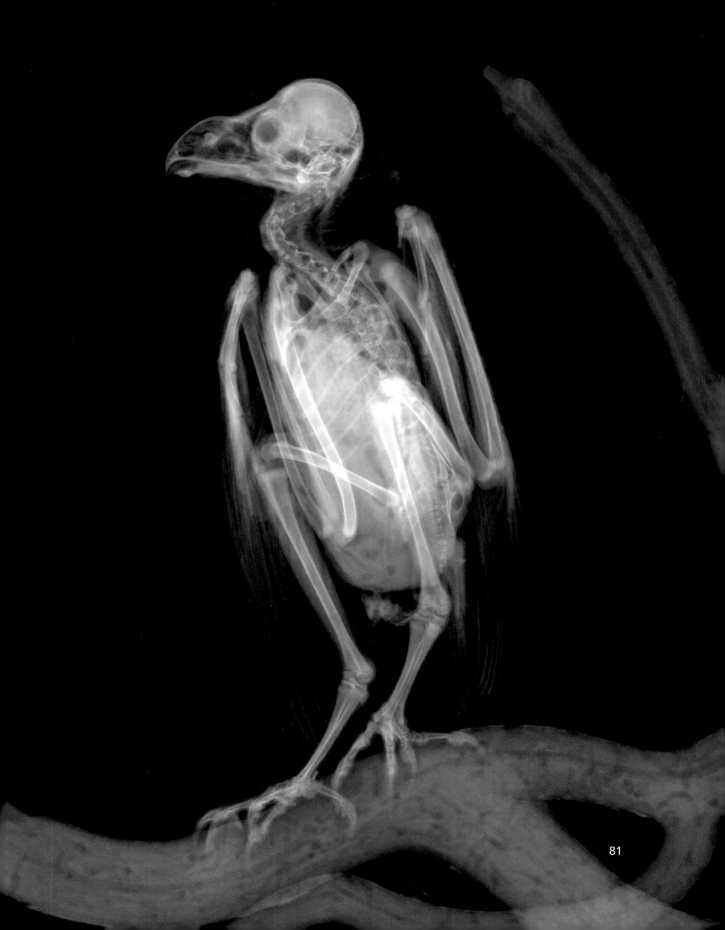

欧亚鵟：胸肌很重要

你看右边的这只欧亚鵟，它的"手臂"和我们的很像，对不对？但也只是很像而已，还是有一些区别的。相同的是，肱骨（上臂的骨头）都连接着桡骨和尺骨（小臂的两根骨头）。不同的是，欧亚鵟的掌骨很长，但"手指"的骨头却很短；人正好是相反的。虽然欧亚鵟和我们一样，都有大拇指，但是你看X光片上的这根"大拇指"，上面还长着很多羽毛，能帮助它在飞行时控制方向。

欧亚鵟的肱骨下面，有一片颜色有点深的区域，那些是它的肌肉。但在翅膀的周围，肌肉反而并不多。所以鸟类在飞行的时候，胸部肌肉出力更多，"手臂"肌肉的贡献反而没有那么多。

在这只欧亚鵟的喉咙里，还有一片颜色比较深的区域。在下面的X光片里，你可以看到是怎么回事：它吞下了一只老鼠！

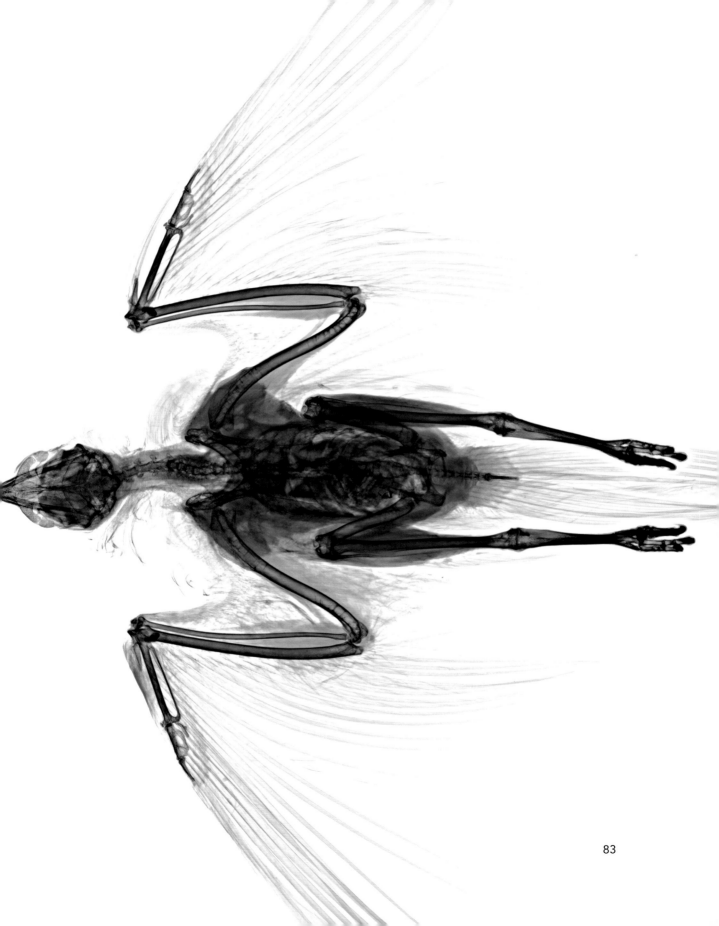

雉鸡：迷你鸵鸟

像雨燕这样的鸟，基本上一生都在空中生活。它们在空中居住，在空中捕食，也在空中睡觉（我也不知道它们是怎么做到的）。但是雉鸡就不一样了，它们更喜欢在地上生活。如果遇到危险，它们会先努力逃跑，实在跑不掉了，才会飞上一小段。你看看下面这张X光片就知道为什么了。雉鸡在鸟类里算得上体重很大的了，尾巴也比一般鸟的大很多。而且，它们喜欢吃种子、块茎、青草和水果，这些东西在天上可找不到。

雨燕不需要强壮的腿，但雉鸡非常需要。所以，它们的大腿和小腿都很结实。但是它们的腿实在是太重了，飞行的时候要承受很大的重量。腿越重，飞行就越困难，它们就越喜欢走路……结果腿部的肌肉越来越发达。这么下去，再过上几千年，没准雉鸡的腿就和鸵鸟的一样大了！但如果反过来，雉鸡飞得越来越多，它们的腿会不会越来越小呢？

不管怎么说，现在的雉鸡生活得挺开心的。它们的飞行速度可以轻轻松松地达到每小时60千米，在地上奔跑的速度也非常快。你看到雉鸡爪子后面的尖刺了吗？碰到危险的时候，它们可以把它当作武器发起反击，重伤天敌。这么看来，雉鸡在短时间内应该不会改变模样。

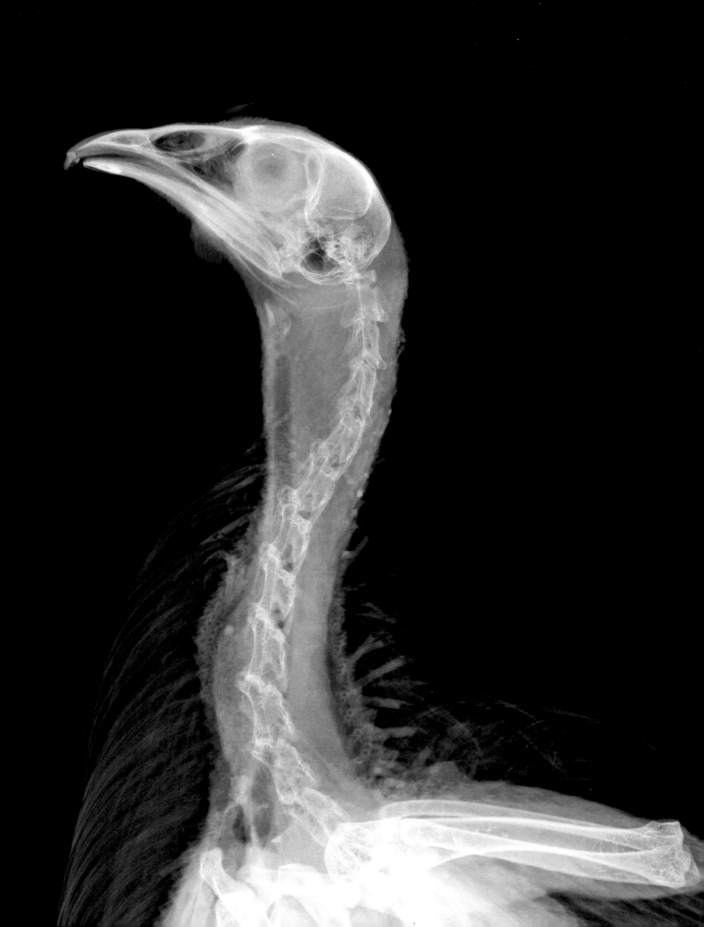

松鸦：睡觉时金鸡独立

　　一只不经常在地上走动的鸟儿，是不需要很强壮的腿的，但这也并不意味着干瘦的腿就没有用。鸟类的爪子都很有力量，能够紧紧地抓住脚下的树枝。所以有些鸟很喜欢只用一条腿站着睡觉，把另外一条腿收起来贴紧身体，顺便还能保暖。它们这样做时，并不需要费什么力气。因为它们的体重能让腿上的肌腱绷紧，从而使爪子稳稳地抓住树枝。所以就算是单腿站着睡觉，它们也不需要担心会从树枝上掉下来。我们人就不一样了，你可以试试看，光是单脚站在树枝上，就已经很费力了。

鸭子：海陆空全能鸟

　　有的鸟在空中感觉更自在，有的鸟喜欢待在地上，还有的鸟像鱼儿一样生活在水里。我们看腿就能知道鸟儿喜不喜欢待在地上，同样地，看腿也能知道鸟儿是不是总泡在水里的水鸟。毕竟，在地上或者树上生活，哪里用得到脚蹼呢？

　　人要是想在海里前进，就要穿上一双脚蹼，但是鸭子自带的脚蹼可比我们买的那些好多了。鸭子在向前划水的时候，会把脚蹼折叠起来，这样受到的阻力就很小，能很轻松地在水中滑行；当它们向后划水时，会把脚蹼完全张开，这样就能获得很大的推进力。鸭子就是这么推着自己在水里前进的。

　　鸭子的嘴也很适合在水里生活。它就像是一只筛子，边缘有很多小的缝隙。鸭子把头埋进水里的时候，会把嘴张到最大。然后，它们用舌头把嘴里的水都挤出去，再把被"筛子"留下来的水草和小动物都吞下去。鸭子还有长长的脖子，可以轻松地把头伸到各个地方。

　　鸭子是很厉害的动物，它们既能在地上散步，也能在空中飞行，还能在河里或者池塘里游泳捕食。所以，叫它们水鸟，其实是有点委屈它们了，它们可以说是一种海陆空全能鸟。

鸣禽：找不同

如果你平常就很喜欢观察鸟儿，那你可能已经知道喜鹊、松鸦和乌鸦之间都有什么区别了。但是我们这本书里的鸟儿，都看不到羽毛，所以要把它们区分开来就变得很困难了。不过这样也有好处，光看内部结构的话，你很容易发现它们都是亲戚。

喜鹊

松鸦

乌鸦

90

乌鸦、欧歌鸫和椋鸟之间也是类似的关系。它们的身体结构可以说是一模一样，但是光看外表的话，根本不像是有亲戚关系的鸟。而且它们的叫声也完全不一样。不过椋鸟是个例外，它的叫声可以和乌鸦或者欧歌鸫很像，这是因为它可以模仿其他鸟的叫声，学得还很像呢！只可惜，不管椋鸟的模仿能力有多强，乌鸦和欧歌鸫才是亲戚关系更近的。你看它们的X光片，是不是很明显？

乌鸦

欧歌鸫

椋鸟

91

哺乳动物

蝙蝠：用手使劲扑棱就行

如果你想飞，也不一定非要变成昆虫或者鸟。哺乳动物里也有会飞的，只要它们的手够大就行。对，你没听错，就是手。你看，蝙蝠的翅膀像鸟一样紧挨着手臂的骨骼延伸，但大部分都围绕着手掌。蝙蝠的手指特别长，只有大拇指——翅膀顶部的凸起——比较短。鸟有羽毛，蝙蝠没有，所以它们想飞起来，靠的是翼膜。鸟有轻盈的、充满空气的骨头，蝙蝠也没有，所以它们的解决办法，就是让身上的骨头尽量细一些，好减轻一些重量。

和身体比起来，蝙蝠的后腿非常小。它们也不能只靠着这两条后腿就稳稳地坐下来，所以它们几乎不会坐着。蝙蝠最喜欢的姿势是倒挂，它们爪子的形状让它们可以很舒服地倒挂着睡觉。和鸟一样，蝙蝠只要把自己挂住，爪子就自动"锁死"了，睡着了也不怕掉下去。

虽然在X光片上看起来不明显，但是蝙蝠的膝盖和我们或者小猫小狗的膝盖比起来，是相反的。它们在地上爬行的时候，膝盖向着天空，再加上它们的前腿上还有翅膀，想象一下那个画面，有点笨笨的，对吗？多亏有一对爪子，它们可以轻松地在山洞的顶上倒着爬行，这下画面就酷多了。

到目前为止，我们认识的动物骨架中，蝙蝠的是最像人的。事实上，蝙蝠和人的骨架的相似度比它们和老鼠的更高。也许，我们应该叫它们蝙蝠人，等等，哥谭市（蝙蝠侠居住的城市）不是已经有蝙蝠人了吗？

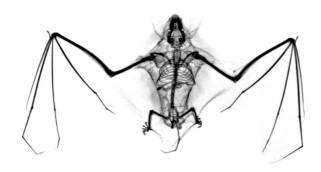

小鼠：超级小鼠

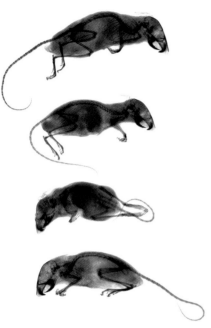

小鼠的身体结构非常精妙，它们几乎可以做任何想做的事情。说实话，我都有点嫉妒它们了。

它们的骨骼又细又轻，但是却很坚固。骨骼的周围包裹着柔软又有力量的肌肉。在骨骼和肌肉的帮助下，它们能攀高、奔跑、跳跃、爬行、挖洞和游泳。小鼠的后腿非常有力量，可以轻松地跳上你家的料理台或者橱柜；前腿上尖利的小爪子可以帮助它们把身体固定在任何地方。小鼠就是不会飞，否则就是全能小鼠了。对了，小鼠还什么都能吃。

小鼠每天差不多要出门20趟，都是为了找食物——种子、水果和各种小动物，它们会吞掉它们能找到的所有食物。尖锐的牙齿也是它们好胃口的帮手。它们能咬穿最硬的坚果壳、最厚实的根茎和最坚固的电线。难道说它们还吃电线吗？也不是，它们就是喜欢咬电线。还有阁楼或地下室里的绝缘材料、书和老物件，都有可能被它们咬坏。它们咬完之后，再把这些东西带回去造自己的窝。所以说，小鼠不光什么都吃，还什么都咬。

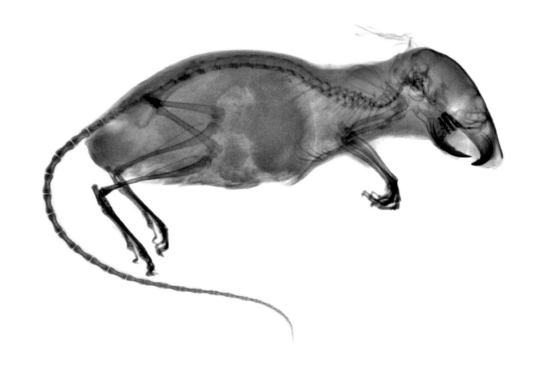

大鼠：大家族里的恩恩怨怨

小鼠和大鼠是亲戚，这一点，从它们的X光片上就能看出来。不仔细看的话，这只大鼠就是一只个头过大的小鼠。再说了，光靠X光片，我们也不能确定，这是一只成年小鼠还是一只幼年大鼠。但是请你相信我，它们之间还是有一些区别的。大鼠的脚更大，耳朵却比小鼠的小，而且大鼠的尾巴更粗。另外一个分辨它们的办法就是看它们的便便，大鼠便便的规模可要比小鼠的壮观多了。

它们之间最大的区别还是在行为上。大鼠是会抓小鼠来吃的，但是小鼠可没有这个本事。小鼠怕大鼠怕得要命。只要闻到大鼠的气味，小鼠马上就会抱头鼠窜。所以想要把小鼠赶走，其实不用找奶酪来做陷阱，想办法弄来一点大鼠的气味就可以。大鼠和小鼠之间是真的有仇。可是话说回来，哪个大家族里面没有点儿故事呢？

鼩鼱和田鼠：不是名字里有"鼠"字就一定是老鼠①

　　蝙蝠虽然看起来像长了翅膀的老鼠，但它们不是老鼠。田鼠的名字里虽然有"鼠"字，但是它们也不是老鼠。说起来，田鼠和仓鼠的亲戚关系，比它们和老鼠的更近呢。当然了，田鼠和老鼠都是啮齿动物。它们之间最大的区别在于牙齿。看起来或者听起来像老鼠，但其实不是老鼠的动物还有很多，比如鼩鼱。它们和鼹鼠、刺猬是亲戚。

　　虽然鼩鼱和田鼠的名字里有"鼠"字，看起来也和老鼠差不多，但是它们真的是不同的动物。老鼠、鼩鼱和田鼠外表之间的区别，确实比吉娃娃和圣伯纳犬之间的要小，毕竟不同种类的狗，身高、体重和颜色的差别都很大。不过，老鼠、鼩鼱和田鼠长得这么像，却不是同一种动物，而不同种类的狗长得这么不像，反倒是同一种动物，很奇怪，对不对？

① 这三种动物属于不同的科。鼩鼱：鼩鼱科；田鼠：仓鼠科；鼠：鼠科。本书中，"老鼠"是"鼠"的口语化表达。

狗、猫和老鼠，很明显不是同一种动物。可是，吉娃娃、圣伯纳犬和腊肠犬，差别如此之大，却又属于同一种动物：狗。看来，科学家们用来判断不同物种的标准，并不是动物的外观。如果一只动物和另一只动物能生出健康活泼的后代，而且这些后代还能继续繁殖，那么它们就是同一种动物。吉娃娃和圣伯纳犬可以生出宝宝，但是猫和狗不可以，就算硬要杂交，它们也不会有宝宝。我们再退一步，即使奇迹发生了，它们有了宝宝，它们的宝宝也不会有自己的后代。就像是狮子和老虎可以生下狮虎兽和虎狮兽，但是狮虎兽和虎狮兽都不会有宝宝。

顺便说一下，左边这只动物叫作鼬，俗称黄鼠狼，但它可不是鼠和狼杂交出来的。

家兔和野兔：不同但又相同

好吧，又是一对长得很像的动物。这种情况既然存在，就不用非去区分什么。这一点尤其适用于小型哺乳动物的骨架。当然，也还是有一些区别的。比如家兔和野兔，野兔更强壮，耳朵更长，后腿也更粗壮。

除了这些，它们之间更多的就是相同之处啦。比如，不管是野兔（右）还是家兔（下），后腿都要比前腿粗壮得多。它们都很擅长跳跃，跑得也非常快，因为粗壮的后腿能为它们提供动力。它们的前腿就像是飞机的起落架，负责在落地的时候保持身体稳定。它们的牙齿也很相似：长长的，从颌骨深处长出来。它们的门牙又长又尖，后面的牙是臼齿。它们的另一个共同特点是，肌肉多的地方，骨头都比较细。虽然这样的身体结构能让它们跑得很快，但也很容易让它们摔断骨头。

你可能会觉得，身体结构相似的动物，生活习性应该也很相似。但其实并不是这样的。野兔喜欢独自生活，但是家兔喜欢成群结队。刚出生的小野兔就已经能自理了，但是刚出生的小家兔不仅没有毛，还看不见，根本不能独立生活。我们刚才也说了，野兔要比家兔强壮些，所以跑得更快，也更远。如果给它们举行一场跑步比赛，野兔肯定能赢。

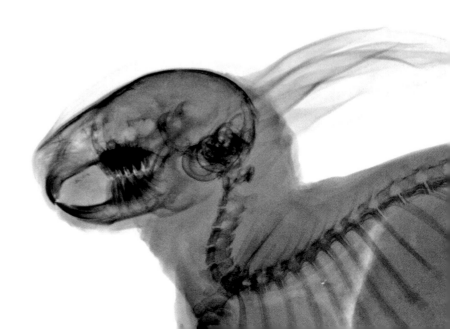

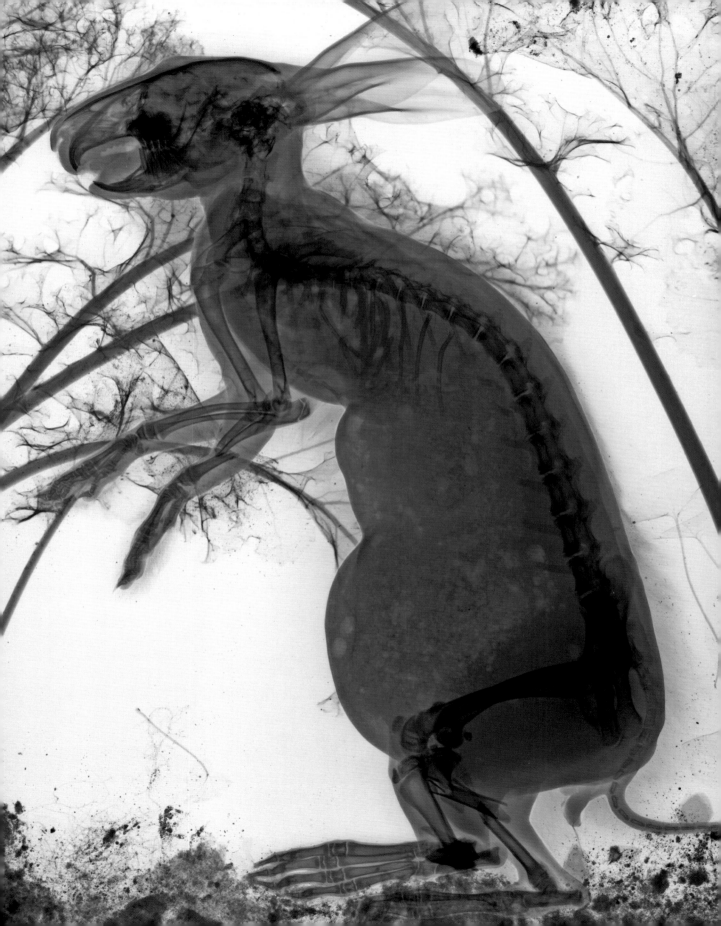

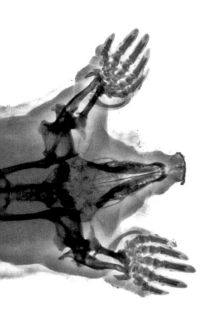

鼹鼠：长了6根手指的哺乳动物

　　细长的身体、短短的腿和尖尖的鼻子：鼹鼠就像生活在地下的腊肠犬。这种体形挺适合鼹鼠的，毕竟它们大部分时间都生活在地下，在自己挖的洞里钻来钻去，腿太长了或者身子太圆润了，反而碍事。在地下生活需要什么呢？当然是能挖土的大手掌、强壮的短腿和很容易就能通过狭窄洞穴的流线型身体了。这么看起来，鼹鼠绝对是为地下生活而生的。

　　请你仔细地观察X光片上鼹鼠的爪子，它有几根手指？你数出了6根对吧？它"手腕"上长着一个"钩子"，就好像一根额外的拇指。这根"手指"不能动，但可以让它的"手掌"变大。这样，鼹鼠在挖洞的时候，每次都能铲起更多的土。可问题是，哺乳动物都是只有5根手指和5根脚趾的动物的后代。人啦，老鼠啦，蝙蝠啦，还有熊等其他动物，都正好是5根手指、5根脚趾。有时候，一根无用的脚趾慢慢地消失了，或者有些动物的脚变成了脚趾更少的蹄子，这些都是可以解释的。但鼹鼠这根多出来的手指怎么解释呢？它到底是怎么来的？这个问题也让生物学家们苦恼了好多年。

　　这根多出来的手指长得和其他手指都不一样：它不是由几根指骨组成的，而是一个整体。更奇怪的是，手指上没有指甲盖。所以，它算不上真正的手指，而是从"手腕"上伸出来的一根骨头。鼹鼠并不是唯一一种长着假拇指的动物，大熊猫也是，多出来的手指能让它们牢牢地抓住竹子。总之，抛开这一点，哺乳动物的手掌结构都是差不多的。

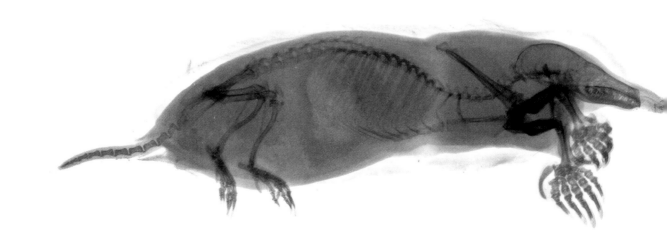

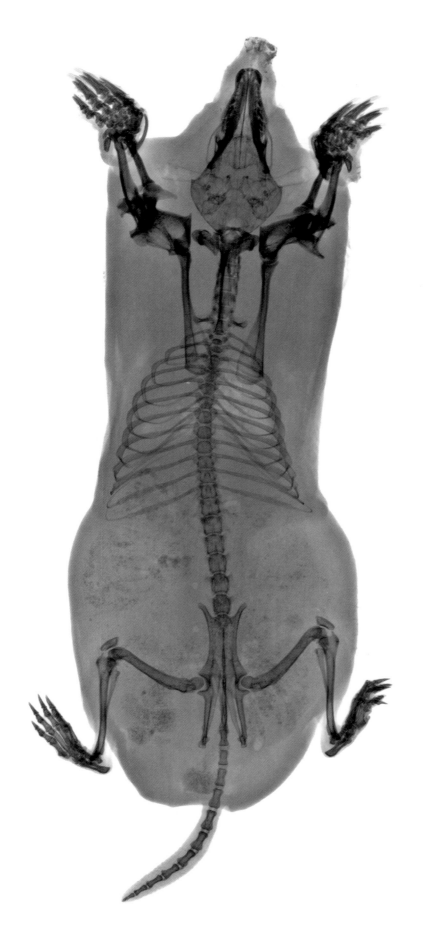

刺猬：带刺的鼹鼠

我们在观察鸟类的X光片时就已经发现了，在脱掉厚厚的羽毛大衣后，它们的身体其实挺单薄的。这张刺猬的X光片也让我们看到，失去一身虚张声势的刺后，它们的身体一下子就小了一圈。但即便如此，它们的背部肌肉还是很结实的。只不过，背部肌肉有什么用处呢？你不能用它们来跑步、挖洞，或者举起重物……但是对于刺猬来说，背部肌肉可是非常重要的：它们身上的刺要竖起来，全靠这些肌肉。

仔细观察刺猬的牙齿、尖尖的鼻子和短而有力的腿，你有没有很熟悉的感觉？你应该马上就猜到它们和谁是亲戚了吧？对，鼹鼠。只不过，刺猬不喜欢在地下挖洞，它们更喜欢在厚厚的落叶、苔藓或者树枝之间钻来钻去。地面上的天敌肯定比地下的多，所以刺猬才需要一身能保护自己的尖刺。

但是，如果浑身都是刺，刺猬也没办法活动了。所以它们身上也有没有长刺的地方。别担心，刺猬也有保护自己的办法：在长刺和没长刺的皮肤相连的位置，有一圈很长的肌肉，就像浴帽里的橡皮筋一样。如果刺猬遇到想吃掉自己的食肉动物，就会把"橡皮筋"缩紧，长刺的皮肤马上就把没刺的皮肤盖住了。刺猬也就变成了一个浑身是刺的小球。

一般来说，刺猬只要使出这个绝招，就不会再有危险了，但是狡猾的狐狸似乎找到了对付它们的办法。有人说，他见过狐狸把刺猬小球滚进水里，让它不得不展开身体；也有人说，狐狸会冲着卷起来的刺猬撒尿，效果也一样。不过，对着满身尿味的刺猬，狐狸真的下得去嘴吗？我甚至还听说过有人抓刺猬来吃。好吧，至少他们吃完刺猬，手头也不缺牙签了……

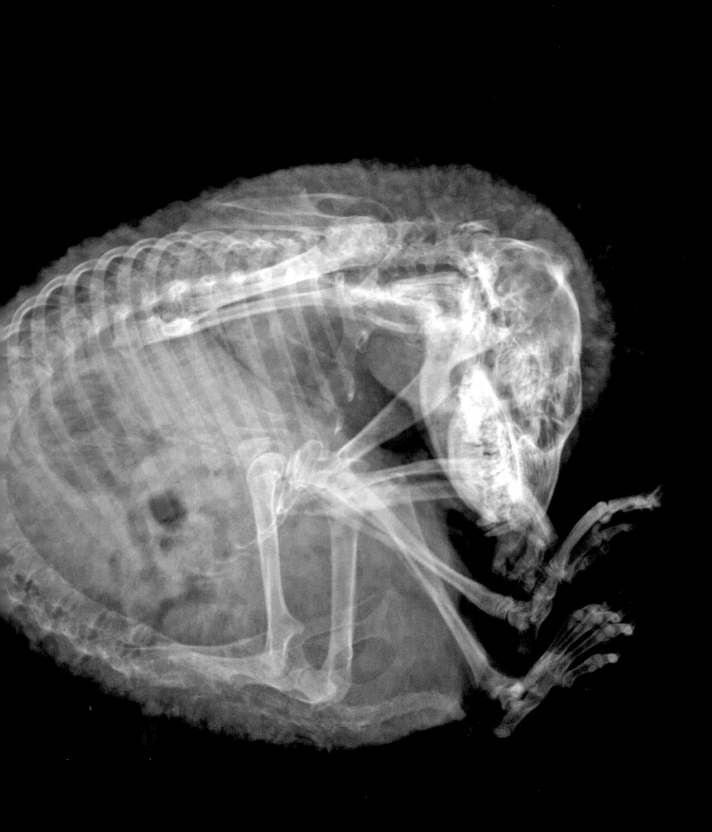

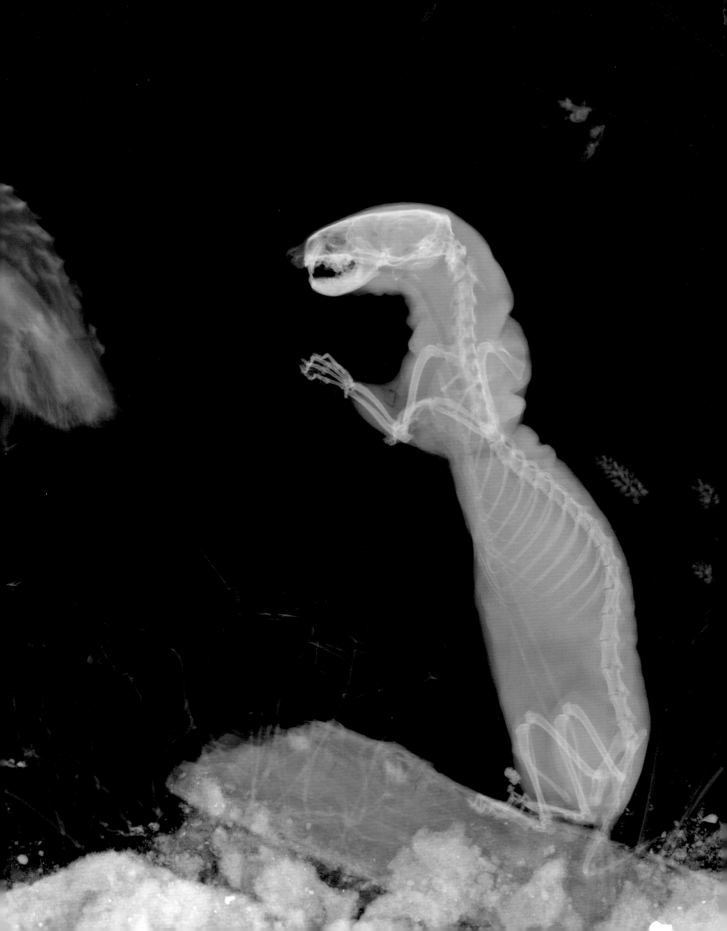

鼬：像鼬一样聪明

这种动物没有用来咬断草茎的门齿，但是有尖尖的犬齿，那它们应该是食肉动物吧？看起来还挺厉害的。有一句俗语叫作"像鼬一样害怕"，意思是害怕到不行，但是这个说法完全没有道理嘛。鼬可是把比自己还大的动物当作猎物的。它们怎么可能有害怕到不行的时候呢？鼬最喜欢的食物是田鼠，不过它们也吃老鼠、鼹鼠，有时候还会抓家兔和野兔来吃。鼬这种动物，是真正的捕猎能手。作为超级捕猎者，它们每天可以轻轻松松地抓到两只老鼠。这也是它们每天的功课，因为它们消耗的能量也非常多。鼬每天要吃掉相当于它们体重四分之一的食物。

你可以通过鼬的身体结构，大概看出它们是怎么捕猎的。鼬和鼹鼠一样，都有细长的身体和短短的腿。它们很喜欢住在地下的洞穴里，而且完全不担心会被狭窄的洞穴卡住。在这些地洞里，鼬还能抓到很多田鼠。鼬嘴里的致命犬齿，可以让它们的猎物完全没有还手的余地。再说了，除了牙齿之外，鼬爪子上尖利的指甲也能让它们紧紧地掐住面前的猎物。

其实我也能理解，为什么有些人会认为鼬是很容易被吓到的动物。毕竟它们也是很多动物的捕猎对象，比如猛禽和狐狸。但是被别的动物惦记并不意味着它们会感到害怕。作为顶级捕猎者，它们只会更加警惕，这可不代表它们很胆小。所以说，这句俗语可以考虑改改了，改成"像鼬一样聪明"，就挺不错的。

松鼠：手脚灵活的怪兽

"你要多看内在，不要只看外表"，这是很多人都相信的真理。如果这条真理对人和动物的关系也有效，那么喜欢松鼠的人可能一下子就要少很多了。去掉松鼠毛茸茸的外套和超可爱的长尾巴之后，剩下的可是一只怪兽……不过这只怪兽的手脚都超级灵活。

松鼠的腿看起来和猴子的手臂很像。所以它们也能完成超远距离的跳跃，从一根树枝上跳到另外一根树枝上。你光看X光片就能知道，它们腿上的骨头非常坚硬。这也是必需的，毕竟松鼠要想一下子跳那么远，腿上就一定要有非常强健的肌肉才行。而且它们腿上的骨头不仅能支撑住肌肉，还能承受住落地时的冲击。

松鼠的牙齿也不是白长的。那一对长长的牙齿不光能咬碎很硬的东西，还能从坚果壳里把小块的坚果肉挖出来，就像我们用镊子夹东西一样。只要松鼠活着，它们的牙齿就会不断生长，这也是件好事，毕竟它们每天都要啃上好多坚果和橡子，牙齿是很容易被磨掉一块的。也幸亏是这样，要不然小小的松鼠长出海象那样的牙，那也太吓人了。

说到松鼠，最引人注意的，肯定就是它们的大尾巴啦！松鼠每天都在细细的树枝上跳来跳去，这条大尾巴可以帮助它们保持平衡，就像走钢丝的特技演员都会带一根横杆保持平衡那样。这条毛茸茸的大尾巴在松鼠跳起来的时候也特别有用。松鼠可以用它在空中控制自己的前进方向。几乎所有能爬树的哺乳动物都有一条长长的尾巴。所以说，松鼠的身体结构也是很精妙的，它从头到脚、从内到外都很美。

狐狸：长尾巴的故事

　　上面的动物，如果不仔细看，你可能会以为它是一条狗或者一匹狼。但它其实是一条狐狸，而且是雄性的，X光片上很明显嘛。不过，如果说松鼠长了一条长尾巴是为了能更好地爬树，那么狐狸的尾巴这么长，难道它们也喜欢爬树吗？你猜对了，有些狐狸甚至还喜欢在树上睡觉。在这方面，狗和狐狸也有点像，你见过邻居家的拉布拉多犬跑到树上去睡觉吗？如果没有，可以上网去搜一搜，有很多人发布狗狗上树睡觉的视频呢。

　　狐狸捕猎的时候，有时需要急转弯，这时尾巴就能帮助它们保持平衡。

狐狸还可以用尾巴来互相交流：竖起来就是在说"我是老大"，垂下来就意思相反，甚至代表着害怕。狐狸尾巴的最后一个作用是保暖。如果天气太冷了，它们就会蜷缩成一团，再用尾巴盖住身体，就像盖了一条小被子。

　　狐狸和狼不一样，它们不喜欢奔跑，除非是为了逃命。捕猎时，它们更喜欢悄悄地靠近猎物，然后发起突袭。这就是它们的后腿比前腿长很多的原因。在它们加长的脚踝上，有一块特别强壮的肌肉，可以为跳跃提供瞬间爆发力。如果足够聪明，那么想吃上饭也不用费劲，这就是狡猾的狐狸呀。

狍子：一直生长的骨头

哎呀，已经快到这本书的结尾了，但我还有很多关于骨头的重要知识没告诉你呢。幸好这张X光片能派上用场。这是一只年幼的动物宝宝。它看起来就像一头刚出生、蜷着身体在睡觉的小牛犊。但它并不是小牛犊，而是一只小狍子。仔细观察你会发现，它的骨头好像还没"长好"呢。尤其是关节处，两边的骨头应该长在一起。那些空着的部分现在都是软骨，在X光片上是看不到的。如果你有机会看到成年狍子的X光片，就会发现它们的骨头要比小狍子的粗得多，也长得多。

对于骨头来说，没有"长好"这种说法，因为它们一直在生长。即使你长大成人，你的骨头不再继续变大变长，它们也会不断地自我更新。一个人或者一只动物身体里的骨头，每隔几年就会全部更新一次。那些老的成分会消失，新的成分会占据它们原来的位置。骨头是非常有活力的，它们同时也是你能够健康成长的保证。骨头不仅负责保护我们，给肌肉提供支撑，还是我们身体的造血工厂。你有没有好奇过，我们身体里的血液到底是从哪里来的？答案就是你的骨头。骨头中的骨髓每秒钟能制造出上百万个血液细胞。这还不算完呢，骨头还能帮我们存储钙质和其他重要的矿物质。如果你最近吃下的矿物质比较多，骨头就会把暂时用不到的那部分存储起来；如果你最近没有好好吃饭，它们就会把存储好的那部分释放出来，供身体使用。

就骨头的重量来说，它们是非常坚固的，比石头、钢铁和混凝土还要坚固。所以你应该庆幸，你的骨头不是由其他材质组成的。要不然，要么你的身体重到什么都做不了，要么你动不动就要去医院看急诊，在医院里待的时间比在操场上玩的时间还长。所以说，我们要感谢身体里的骨架才行。

谢谢你们啊，小骨头们！

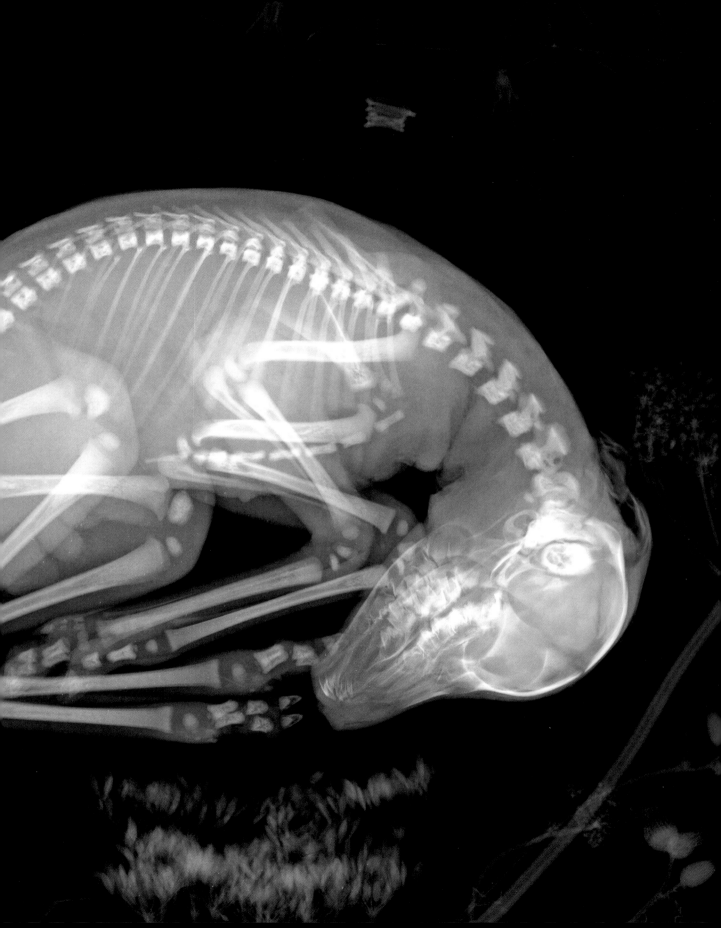

松鼠猴：猴子比人差在哪里

看了左边的X光片，你应该知道松鼠猴的名字是怎么来的了。它坐在树上的样子，简直比松鼠还要像松鼠。但你还会发现，它的身体结构非常接近人类。不过松鼠猴仍是爬树者，所以需要一条长长的尾巴，让自己在细细的树枝上保持平衡。像黑猩猩或倭黑猩猩这种类人猿，就已经没有尾巴了。此外，你也可以从短短的四肢和长长的身体看出，松鼠猴并不是人类。

人和猴子之间最大的区别，就在于头骨。你在X光片上就能看出来，猴子的前额要比人的小很多。正是这个部分，将人和其他所有动物区分开来。它让我们比其他动物都更有智慧。一般来说，我们判断一种动物的智力，就是看它大脑的大小，比如我们人的大脑就挺大的。但如果只看大小，大象和鲸鱼的大脑更大，所以它们更聪明吗？并不是这样的。这个时候，我们就要看大脑的哪个部分最大。

我们大脑的内部是爬行动物脑（本能脑）。这个部分非常重要，因为它是我们维持生命的关键。那些你不用思考就能完成的事情，比如心跳、呼吸和调节体温等，都是爬行动物脑来控制的。它的周围是古哺乳动物脑（情绪脑），这部分是负责控制情绪的。爬行动物就没有这部分大脑。你可以试试给你家的乌龟讲一个笑话，它是永远不会跟着你一起笑的。但是你能通过狗、猫和其他哺乳动物的表情，判断出它们当时的心情。

我们大脑的最外层是新哺乳动物脑（理智脑）。这就是松鼠猴的大脑缺少的部分。大部分哺乳动物只有薄薄的一层这种组织，而我们人类的则非常厚。这也是人能够在动物中脱颖而出的关键。大脑的这个部分能让你学会一种语言、编出一个故事、发明一道新菜（比如爆炒4种蘑菇）、完成一门算数作业，以及设计一枚能飞进太空的火箭。大象和鲸鱼的大脑虽然很大，但是这个部分却很小。所以第一个登上月球的是人而不是大象，就不奇怪了。

好了，现在我已经把我知道的都告诉你了。哦，不对，我还没给你讲X射线发现者的故事呢……

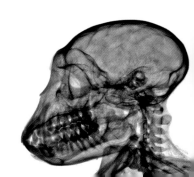

发现者

1895年11月的某天……

"安娜，你帮个忙嘛，"一位德国科学家对他的妻子说道，"你只需要把手放上来别动就行了。"

"这也太可怕了，"安娜回答说，"而且这屋里也太暗了。"

"我向你保证，你不会出事的，"科学家笑着说，"你把手放上来也不会疼。我保证你什么感觉都没有。"

"那我的戒指要摘下来吗？"

"没事，你就戴着吧。"

"好吧，那我准备好了。"

"真的吗？"

"对，等等，还没有，现在好了。"

"你确定吗？"

"我确定。"

"太好了。现在，看屏幕就行了。"

"哎，怎么回事？那是什么东西？"

"亲爱的安娜，这就是你的手啊。你看，还有你手指上的戒指呢。"

"不！"安娜喊道，"这不可能，我难道看到了我死后的样子吗？"

安娜会感到害怕也很正常。她的丈夫威廉·康拉德·伦琴正在拍摄世界上第一批X光片中的一张：她的手。她在屏幕上看到了自己手上的每一根骨头，其中一根手指上还戴着戒指。在那块屏幕上，她的手看起来跟一个骷髅的手没有任何区别。换作是你，你也会很害怕的。

在这之前的几周里，伦琴几乎每天都泡在自己的实验室里，因为他无意中发现了一种非常奇特的东西。他正在研究射线。当时的物理学家们已经发现，电会让一些神奇的事情发生。如果你把一根玻璃管里的绝大多数空气都抽走，并放入两片金属板，然后在中间接上高压电，就能看到非常漂亮的、不同颜色的火花。但是这种现象是怎么产生的？伦琴非常想知道答案，所以他做了很多不同的实验。在一次实验当中，他发现附近的一块屏幕被点亮了，但那个位置并没有明显的光源。屋里唯一能发出射线的，只有那根玻璃管，可是它的外面还裹着硬纸板呢。所以，玻璃管发出的射线肯定穿透了硬纸板，然后点亮了不远处的屏幕。伦琴从来没有见过这样的事情。在当时，光线是唯一一种我们能看到的射线，但是他刚刚发现的，是另外一种完全不同的射线。这种射线能够直接穿透物体。伦琴把他的手放在玻璃管和屏幕中间，然后在屏幕上看到了骨头形状的"影子"。世界上的第一次X光拍摄就这么完成了。

伦琴立马投入了新的实验中。这种射线还能穿透别的东西吗？什么材质才能挡住它呢？就这样，伦琴发现X射线——伦琴给它起的名字——能穿透柔软的物质，但会被坚硬的物质挡住。由于这种差异，骨头和牙齿会比脂肪和肌肉显示得更清楚。

X射线的发现，让全世界都知道了伦琴的名字。他也因此获得了诺贝尔物理学奖，这是世界上该领域等级最高的奖项。其他科学家也根据他的发现进行研究，制造出了更好的X光机。对于医生来说，X光机非常有用：他们不用切开病人的身体，就能知道内部的情况了。有了X射线，机场的安保人员不用打开旅客的箱子，就能知道里面有没有违禁物品了。考古学家用X光机来研究木乃伊的内部情况，再也不用冒险打开它们了。天文学家可以用X射线望远镜来观察宇宙，寻找那些不发光，但发射X射线的天体。

那我们呢？有了X光片，我们能就知道长耳鸮其实有点像矮脚鸡，熊蜂也有细细的蜂腰，蝙蝠靠手飞行，鳎鱼很像抽象的艺术品，以及动物的身体内部往往比它们的外表更有趣。

图书在版编目（CIP）数据

透视之眼 : X 光下的动物世界 / (荷) 扬·保罗·舒
腾著 ; (荷) 阿里·范·特·里特摄 ; 张佳琛译 . -- 上
海 : 中国中福会出版社 , 2023.8
　　ISBN 978-7-5072-3569-2

　　Ⅰ . ①透… Ⅱ . ①扬… ②阿… ③张… Ⅲ . ①动物 -
儿童读物 Ⅳ . ① Q95-49

中国国家版本馆 CIP 数据核字 (2023) 第 098285 号

透视之眼：X 光下的动物世界

著　　　者：[荷] 扬·保罗·舒腾
摄 影 者：[荷] 阿里·范·特·里特
译　　　者：张佳琛
项目统筹：尚　飞
责任编辑：康　华
特约编辑：贺艳慧　何子怡
装帧设计：墨白空间·何昳晨
出版发行：中国中福会出版社
社　　　址：上海市常熟路 157 号
邮　　　编：200031
印　　　刷：雅迪云印（天津）科技有限公司
开　　　本：889mmx1092mm 1/16
字　　　数：69.3 千字
印　　　张：8
版　　　次：2023 年 8 月第 1 版
印　　　次：2023 年 8 月第 1 次
书　　　号：ISBN 978-7-5072-3569-2
定　　　价：100.00 元

读者服务：reader@hinabook.com 188-1142-1266
投稿服务：onebook@hinabook.com 133-6631-2326
直销服务：buy@hinabook.com 133-6657-3072
网上订购：https://hinabook.tmall.com/(天猫官方直营店)

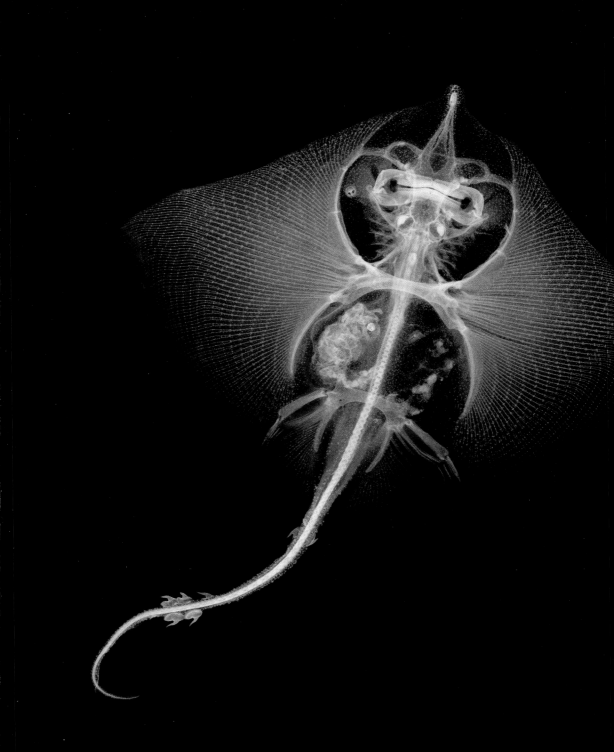